essentials

Essentials liefern aktuelles Wissen in konzentrierter Form. Die Essenz dessen, worauf es als „State-of-the-Art" in der gegenwärtigen Fachdiskussion oder in der Praxis ankommt. *Essentials* informieren schnell, unkompliziert und verständlich

- als Einführung in ein aktuelles Thema aus Ihrem Fachgebiet
- als Einstieg in ein für Sie noch unbekanntes Themenfeld
- als Einblick, um zum Thema mitreden zu können

Die Bücher in elektronischer und gedruckter Form bringen das Fachwissen von Springerautor*innen kompakt zur Darstellung. Sie sind besonders für die Nutzung als eBook auf Tablet-PCs, eBook-Readern und Smartphones geeignet. *Essentials* sind Wissensbausteine aus den Wirtschafts-, Sozial- und Geisteswissenschaften, aus Technik und Naturwissenschaften sowie aus Medizin, Psychologie und Gesundheitsberufen. Von renommierten Autor*innen aller Springer-Verlagsmarken.

Carlo Kaul

Elliptische Kurven: Eine erste Einführung

Von den Grundlagen bis zu den Isogenien

Springer Spektrum

Carlo Kaul
Institut für Arithmetische Geometrie und
Darstellungstheorie
Universität Münster
Münster, Deutschland

ISSN 2197-6708 ISSN 2197-6716 (electronic)
essentials
ISBN 978-3-662-73119-2 ISBN 978-3-662-73120-8 (eBook)
https://doi.org/10.1007/978-3-662-73120-8

Die Deutsche Nationalbibliothek verzeichnet diese Publikation in der Deutschen Nationalbibliografie; detaillierte bibliografische Daten sind im Internet über https://portal.dnb.de abrufbar.

Planung/Lektorat: Andreas Ruedinger
Springer Spektrum ist ein Imprint der eingetragenen Gesellschaft Springer-Verlag GmbH, DE und ist ein Teil von Springer Nature.
Die Anschrift der Gesellschaft ist: Heidelberger Platz 3, 14197 Berlin, Germany

Was Sie in diesem *essential* finden können

- Grundbegriffe der klassischen algebraischen Geometrie
- Einführung in die Theorie der Kurven bis zum Satz von Riemann–Roch
- Definition und Beispiele elliptischer Kurven
- Konstruktion des algebraischen und geometrischen Gruppengesetzes
- Diskussion elementarer Eigenschaften von Isogenien

Competing Interests Der/die Autor*in hat keine relevanten Interessenskonflikte im Zusammenhang mit dieser Publikation.

Inhaltsverzeichnis

1 Einleitung

In diesem *essential* sollen die Grundlagen für die Theorie der elliptischen Kurven gelegt werden. Elliptische Kurven verdanken ihren Namen der Tatsache, dass Integrale über sie schon im späten 18. Jahrhundert implizit von ADRIEN-MARIE LEGENDRE dafür verwendet wurden, den Umfang von Ellipsen zu bestimmen.

Allerdings studierte etwa DIOPHANTOS bereits im antiken Griechenland Gleichungen, die elliptische Kurven definieren: Er untersuchte Zahlen a, die man additiv in zwei Zahlen $Y, a - Y$ zerlegen kann, sodass deren Produkt $Y(a - Y)$ der Differenz vom Volumen X^3 eines Würfels und seiner Seitenlänge X entspricht. In anderen Worten suchte Diophantos nach rationalen Lösungen der Gleichung

$$Y(a - Y) = X^3 - X,$$

die eine elliptische Kurve definiert. Maßgeblich beeinflusst durch Arbeiten von CARL JACOBI, GOTTHOLD EISENSTEIN, ALFRED CLEBSCH, KARL WEIERSTRAß und HENRI POINCARÉ im 19. Jahrhundert entdeckte die mathematische Gemeinschaft schnell die arithmetische und geometrische Natur dieser *kubischen Kurven*.

Nachdem seit dem Ende des 19. Jahrhunderts von einer überwiegend italienischen Schule die algebraische Geometrie weiterentwickelt wurde, während bspw. DAVID HILBERT und EMMY NOETHER weitreichende Fortschritte in der kommutativen Algebra erzielten, wurde dem Studium elliptischer Kurven ein neues Fundament gegeben.

Die Arbeiten von ANDRÉ WEIL, JEAN-PIERRE SERRE sowie ALEXANDER GROTHENDIECK und seiner Schule haben anschließend einen bedeutsamen Umbruch in der algebraische Geometrie insgesamt, aber auch in der Theorie elliptischer Kurven angestoßen: Die technischen Möglichkeiten, die die von ihnen geschaffene Spra-

C. Kaul, *Elliptische Kurven: Eine erste Einführung*, essentials,
https://doi.org/10.1007/978-3-662-73120-8_1

che der *Schemata* bietet, hat die Entwicklung moderner *arithmetischer Geometrie* ermöglicht. Dies hatte selbst für klassische Fragestellungen in der Zahlentheorie wie *Fermats letzten Satz* weitreichende Implikationen.

Für eine der wichtigsten Forschungsströmungen der modernen Zahlentheorie, dem *Langlands-Programm,* bietet die Theorie elliptischer Kurven nicht allein ein bewährtes Terrain, auf das Forschungshypothesen angewandt werden können: Eine Vielzahl der Entwicklungen im Langlands-Programm der letzten drei Jahrzehnte findet ihren Ursprung in einer Aussage über elliptische Kurven.

Neben dem großen Interesse an elliptischen Kurven in der reinen Mathematik haben diese in den letzten Jahrzehnten auch in der Informatik, speziell der quantensicheren Kryptographie, an Popularität gewonnen. Schließlich lassen sich mithilfe des Gruppengesetzes auf einer elliptischen Kurve anspruchsvolle kryptographische Verfahren entwickeln, bei denen die Hoffnung besteht, dass diese selbst vor den potentiellen algorithmischen Fähigkeiten eines Quantencomputers sicher sind.

In diesem *essential* führen wir im ersten Kapitel zunächst in die Grundlagen der algebraischen Geometrie ein, ohne uns Grothendiecks delikater Sprache der Schemata zu bedienen. Dabei präsentieren wir genau solche Sätze, die wir im zweiten Kapitel für die Theorie elliptischer Kurven benötigen, und blicken in den Beispielen bereits auf elliptische Kurven voraus. Daraufhin präsentieren wir die Definition einer elliptischen Kurve: Statt diese einfach durch ihre definierende Gleichung zu beschreiben, demonstrieren wir die Möglichkeit, elliptische Kurven durch natürliche, geometrische Eigenschaften zu charakterisieren. Im Anschluss erläutern wir, dass diese Eigenschaften automatisch die Existenz eines Gruppengesetzes auf elliptischen Kurven zufolge haben, welche wir mit der bekannten *Sehnen-Tangenten-Konstruktion* identifizieren können. Zum Abschluss studieren wir Abbildungen zwischen elliptischen Kurven, sogenannte *Isogenien,* und präsentieren ihre elementaren Eigenschaften.

Wir können in diesem *essential* nur fundamentale Resultate aus der algebraischen Geometrie darlegen und damit erste Ergebnisse in der Theorie elliptischer Kurven erzielen. Für ein umfassenderes Bild verweisen wir auf [Sil86] und [Har77], während [Was08] eine Einführung in die Kryptographie mit elliptischen Kurven bietet.

Für diese Einführung in die Theorie elliptischer Kurven hat sich der Autor vielfach dem Aufbau und Inhalt des Standardwerks [Sil86] bedient. Der Autor wurde während der Erstellung dieses Buches außerdem von der Deutschen Forschungsgemeinschaft (DFG) unter der Deutschen Exzellenz-Strategie „EXC 2044/2 – 390685587, Mathematics Münster: Dynamics–Geometry–Structure“ sowie von dem CRC 1442 „Geometry: Deformations and Rigidity“ der DFG unterstützt.

2 Grundlagen der algebraischen Geometrie

Im klassischen Sinne beschäftigt sich die Zahlentheorie mit den Mengen ganzzahliger oder rationaler Lösungen von polynomiellen Gleichungen. Solche Lösungsmengen haben neben ihrer rein algebraischen Auffassung auch eine geometrische Interpretation als sogenannte algebraische Varietäten.

Betrachten wir zunächst den Fall linearer Gleichungen $ax + by = c$ für rationale Zahlen a, b, c mit $a, b \neq 0$: Bereits in der Schule ist bekannt, dass sich die Lösungsmengen solcher Gleichungen geometrisch als Geraden interpretieren lassen.

Zugleich ist die algebraische Struktur der Menge rationaler Punkte dieser Geraden sehr simpel: Zu jeder rationalen Zahl x finden wir genau eine rationale Zahl y, sodass das Tupel (x, y) die gegebene Geradengleichung erfüllt. Es lassen sich innerhalb der rationalen Lösungen außerdem die ganzzahlige Lösungen dieser Geradengleichungen vollständig mithilfe des *Euklidischen Algorithmus* klassifizieren.

Auch elliptische Kurven treten als Lösungsmenge polynomieller Gleichungen in Erscheinung: Ihre definierenden Gleichungen werden zu Ehren des deutschen Mathematikers KARL THEODOR WILHELM WEIERSTRAß als *Weierstraß-Gleichungen* bezeichnet. Die Geometrie elliptischer Kurven und die Struktur ihrer rationalen Punkte ist weitaus komplexer als für Geraden. Dennoch lässt sich allgemein für geometrische Objekte, die durch Lösungsmengen polynomieller Gleichungen beschrieben werden können, eine reichhaltige Theorie entwickeln: Die Theorie *algebraischer Varietäten.* Wir werden sehen, dass diese allgemeine Theorie uns den richtigen Zugang für das Verständnis elliptischer Kurven ermöglicht.

Die Geometrie algebraischer Varietäten ist durch Lösungsmengen polynomieller Gleichungen gegeben, deren Lösungstheorie über algebraisch abgeschlossenen Körpern wie $k = \mathbb{C}$ einfacher ist. Daher wird algebraische Geometrie oftmals zunächst über algebraisch abgeschlossenen Körpern entwickelt. Allerdings möch-

C. Kaul, *Elliptische Kurven: Eine erste Einführung*, essentials,
https://doi.org/10.1007/978-3-662-73120-8_2

ten wir in diesem Buch elliptische Kurven über beliebigen Körpern k diskutieren: Dafür werden wir zunächst ihren *Basiswechsel* zu einer elliptischen Kurve über einem algebraischen Abschluss von k studieren. Die gewonnenen Resultate können dann mithilfe einer kanonischen Gruppenwirkung der *Symmetriegruppe des Verbundes der Körpererweiterungen,* der Galoisgruppe von k, zu Resultaten für die anfängliche elliptische Kurve übersetzt werden. Dieses Prinzip der Argumentation wird auch als *Galoisabstieg* bezeichnet und funktioniert nur dann vollständig, wenn der algebraische Abschluss $\overline{k}$ selbst eine Galois-Erweiterung ist. Körper mit dieser Eigenschaft werden auch *vollkommen* genannt: etwa sind $\mathbb{Q}$, $\mathbb{C}$, $\mathbb{F}_p$ für jede Primzahl p, und alle Körper der Charakteristik 0 vollkommen, aber der Quotientenkörper $\mathbb{F}_p(X)$ von $\mathbb{F}_p[X]$ ist nicht vollkommen.

In diesem Kapitel bezeichnen wir mit k also einen beliebigen vollkommenen Körper und mit $\overline{k}$ den algebraischen Abschluss von k. Weiter sei Gal_k die Gruppe von Galois-Automorphismen $\mathrm{Gal}(\overline{k}/k) = \mathrm{Aut}_k(\overline{k})$ von k, welche aus jenen Körper-Automorphismen von $\overline{k}$ besteht, die k punktweise fixieren.

Obgleich wir später besonderes Interesse an $k = \mathbb{Q}$ haben werden, ist es für eine Intuition hilfreich, sich in diesem Kapitel $k = \mathbb{R}$ und $\overline{k} = \mathbb{C}$ vorzustellen. In diesem Fall gilt $\mathrm{Gal}_k = \mathbb{Z}/2\mathbb{Z}$, erzeugt von dem komplexen Konjugationsautomorphismus $x + iy \mapsto x - iy$. Man sieht zum Beispiel schnell, dass ein Polynom $f \in \mathbb{C}[X]$ genau dann ausschließlich reelle Koeffizienten hat *(über* $\mathbb{R}$ *definiert ist),* wenn es unter der Aktion der komplexen Konjugation invariant ist.

2.1 Algebraische Varietäten

Wir beginnen unsere Theorie mit der simpelsten algebraischen Varietät:

Definition 2.1 Der *n-dimensionale affine Raum* (genauer: die Menge seiner *$\overline{k}$-wertigen Punkte*) ist die Menge

$$\mathbb{A}_k^n(\overline{k}) = \{x = (x_1, \ldots, x_n) : x_i \in \overline{k}, i = 1, \ldots, n\}$$

von n-Tupeln mit Werten in $\overline{k}$.

Wenngleich der geneigte Leser sich fragen mag, weshalb wir diese Menge nicht einfach mit $(\overline{k})^n$ bezeichnen, möchten wir mit dieser Notation verdeutlichen, dass wir den Körper $\overline{k}$ als eine Variable verstehen. Für eine beliebige algebraische Körpererweiterung k'/k definieren wir analog

$$\mathbb{A}_k^n(k') = \{x = (x_1, \ldots, x_n) : x_i \in k', i = 1, \ldots, n\}.$$

Das in der Einleitung erwähnte Prinzip des Galoisabstiegs beruht auf der folgenden Beobachtung: Die Menge $\mathbb{A}_k^n$ zusammen mit der natürlichen Aktion von Gal_k auf ihr zu verstehen ist äquivalent dazu, die Mengen $\mathbb{A}_k^n(k')$ für alle normal algebraischen Körpererweiterungen k'/k zu verstehen. Wir zeigen den folgenden Spezialfall:

Lemma 2.1 *Die Formel* $\sigma \cdot x = (x_1^\sigma, \ldots, x_n^\sigma)$ *für* $\sigma \in \mathrm{Gal}_k$ *und* $x \in \mathbb{A}_k^n(\overline{k})$ *definiert eine Gruppenwirkung der Galoisgruppe* Gal_k *auf* $\mathbb{A}_k^n(\overline{k})$. *Hierbei wird wie üblich* $x_i^\sigma = \sigma(x_i)$ *abgekürzt.*

Ferner haben wir die folgende Beschreibung der Invarianten unter dieser Galoiswirkung: $\mathbb{A}_k^n(\overline{k})^{\mathrm{Gal}_k} = \mathbb{A}_k^n(k)$.

Beweis Die Tatsache, dass die beschriebene Formel tatsächlich eine Gruppenwirkung definiert, sei dem Leser überlassen. Wir beweisen die zweite Aussage:

Sei zunächst $x = (x_1, \ldots, x_n) \in \mathbb{A}_k^n(k)$, dann gilt $x_i \in k$ für $i = 1, \ldots, n$ und somit ist x_i invariant unter jedem Automorphismus in Gal_k. Es folgt $\supseteq$.

Sei nun $x = (x_1, \ldots, x_n) \in \mathbb{A}_k^n(\overline{k})^{\mathrm{Gal}_k}$, womit nach Definition der Wirkung $x_i \in \overline{k}$ mit $\sigma(x_i) = x_i$ für alle $\sigma \in \mathrm{Gal}_k$ gilt. Da $\overline{k}/k$ Galoissch ist, folgt mit Galoistheorie daraus aber schon $x_i \in k$, also $\subseteq$. □

Dieses Lemma gilt analog für alle algebraischen Varietäten. Für deren Definition brauchen wir jedoch noch etwas Vorbereitung. Die Idee, dass algebraische Varietäten lokal die Lösungskurven polynomieller Gleichungen sind, lässt sich wie folgt formalisieren:

Definition 2.2 Sei $I \subseteq \overline{k}[X_1, \ldots, X_n]$ ein Ideal.

Die *Verschwindungsmenge von* I (genauer: die Menge ihrer $\overline{k}$-wertigen Punkte) in $\mathbb{A}_k^n$ ist die Menge

$$\mathrm{V}(I)(\overline{k}) = \{x \in \mathbb{A}_k^n(\overline{k}) : f(x) = 0 \ \ \forall f \in I\}.$$

Wir nennen Verschwindungsmengen von Idealen auch *affin algebraische Mengen.*

Anmerkung 2.1 Allgemeiner können wir einer beliebigen Menge polynomieller Gleichungen $S \subseteq \overline{k}[X_1, \ldots, X_n]$ die Menge

$$\mathrm{V}(S)(\overline{k}) = \{x \in \mathbb{A}_k^n(\overline{k}) : f(x) = 0 \ \ \forall f \in S\}$$

zuordnen. Dann lässt sich durch eine einfache Rechnung verifizieren, dass $\mathrm{V}(S)(\overline{k}) = \mathrm{V}(\langle S\rangle)(\overline{k})$. Daher genügt es, Verschwindungsmengen von Idealen zu studieren.

Definition 2.3 Eine affin algebraische Menge V ist *über k definiert,* falls das zu V gehörige Ideal

$$\mathrm{I}(V) = \{f \in \overline{k}[X_1, \ldots, X_n] : f(x) = 0 \ \forall x \in V\} \subseteq \overline{k}[X_1, \ldots, X_n]$$

von Elementen in $k[X_1, \ldots, X_n]$ erzeugt ist. In diesem Fall heißt die Menge

$$V(k) = \{x \in \mathbb{A}_k^n(k) : f(x) = 0 \ \forall f \in \mathrm{I}(V)\}$$

die *Menge k-wertiger Punkte* von V.

Anmerkung 2.2 Wenn eine affin algebraische Menge V über k definiert ist, ist die Teilmenge $V(\overline{k}) \subseteq \mathbb{A}_k^n(\overline{k})$ Galois-invariant, da für $f \in k[X_1, \ldots, X_n]$ und $x \in \overline{k}$ die Gleichung $\sigma(f(x)) = f(\sigma(x))$ erfüllt ist. Mit demselben Argument wie in Lemma 2.1 gilt dann erneut $V(\overline{k})^{\mathrm{Gal}_k} = V(k)$.

Anmerkung 2.3 Die Operation $\mathrm{I}(-)$, die einer affin algebraischen Menge V ein Ideal $\mathrm{I}(V)$ zuordnet, ist nicht invers zu der Operation $\mathrm{V}(-)(\overline{k})$, die einem Ideal I die affin algebraische Menge $\mathrm{V}(I)(\overline{k})$ zuordnet:

Zwar gilt $\mathrm{V}(\mathrm{I}(V))(\overline{k}) = V$ für alle affin algebraischen Mengen V, allerdings ist $\mathrm{I}(\mathrm{V}(I)(\overline{k})) \neq I$ für allgemeine Ideale $I \subseteq \overline{k}[X_1, \ldots, X_n]$. Etwa liefert $I = \langle X^2 \rangle \subseteq \overline{k}[X]$ das Gegenbeispiel $\mathrm{I}(\mathrm{V}(I)(\overline{k})) = \mathrm{I}(\{0\}) = \langle X \rangle \neq I$.

Schränkt man sich statt auf beliebige Ideale auf sogenannte *Radikalideale I* ein, so sind die Operationen V und I tatsächlich invers zueinander. Diese Aussage ist als *Hilberts Nullstellensatz* bekannt.

Beispiel 2.1 Sei $I = \langle f_1, \ldots, f_m \rangle \subseteq \overline{k}[X_1, \ldots, X_n]$ für $f_i \in \overline{k}[X_1, \ldots, X_n]$. Nach Anmerkung 2.1, angewandt auf $S = \{f_1, \ldots, f_m\}$, gilt dann

$$\mathrm{V}(I)(\overline{k}) = \{x = (x_1, \ldots, x_n) \in \mathbb{A}^n(\overline{k}) : f_1(x) = \cdots = f_m(x) = 0\}.$$

Ist $\mathrm{V}(I)$ über k definiert, so können endlich viele[1] $g_j \in k[X_1, \ldots, X_n]$ für $j = 1, \ldots, \ell$ mit $I = \langle g_1, \ldots, g_\ell \rangle$ gefunden werden und es gilt

[1] Schließlich genügt es, mit $g_1, \ldots, g_\ell$ alle endlich vielen f_i zu erzeugen, die nach Annahme $I(\mathrm{V})$ erzeugen. Ist V also über k definiert, reichen stets endlich viele Elemente in $k[X_1, \ldots, X_n]$ aus, um $I(\mathrm{V})$ zu erzeugen.

$$\begin{aligned} \mathrm{V}(I)(k) &= \{x \in \mathbb{A}_k^n(k) : f_i(x) = 0 \ \forall i = 1, \ldots, m\} \\ &= \{x \in \mathbb{A}_k^n(k) : g_j(x) = 0 \ \forall j = 1, \ldots, \ell\}. \end{aligned}$$

Allerdings muss nicht notwendigerweise $f_i \in k[X_1, \ldots, X_n]$ für (irgendein) $i = 1, \ldots, m$ gelten: Sei beispielsweise $k = \mathbb{R}$, sodass $\overline{k} \cong \mathbb{C}$, und $I = \langle X + iY, X - iY \rangle \subseteq \mathbb{C}[X, Y, Z]$. Dann gilt

$$\mathrm{V}(I)(\overline{k}) = \{(x, y, z) \in \mathbb{A}_{\mathbb{R}}^3(\mathbb{C}) = \mathbb{C}^3 : x - iy = x + iy = 0\} = \{(0, 0, z) : z \in \mathbb{C}\}.$$

Dennoch ist I über $\mathbb{R}$ definiert, denn es gilt $I = \langle X, Y \rangle$, und ferner gilt

$$\mathrm{V}(I)(k) = \{(x, y, z) \in \mathbb{A}_{\mathbb{R}}^3(\mathbb{R}) = \mathbb{R}^3 : x = y = 0\} = \{(0, 0, z) : z \in \mathbb{R}\}.$$

Beispiel 2.2 Sei $k = \mathbb{R}$, d. h. $\overline{k} \cong \mathbb{C}$ und sei $f = X^2 + Y^2 - 1$. Dann gilt für $I = \langle f \rangle \subseteq \mathbb{C}[X, Y]$

$$\mathrm{V}(I)(\overline{k}) = \mathrm{V}(f)(\mathbb{C}) = \{(x, y) \in \mathbb{C}^2 : x^2 + y^2 = 1\}.$$

Ferner ist $\mathrm{V}(f)(\mathbb{R}) = \mathrm{S}^1$ der Einheitskreis in $\mathbb{R}^2$.

Sei nun $k = \mathbb{Q}$, d. h. $\overline{k}$ ist ein algebraischer Abschluss $\overline{\mathbb{Q}}$ von $\mathbb{Q}$. Betrachte allgemeiner zu $n \in \mathbb{N}$ das Polynom $f_n = X^n + Y^n - 1$. Dann ist $\mathrm{V}(f_n)(\overline{\mathbb{Q}})$ über $\mathbb{Q}$ definiert und es gilt

$$\mathrm{V}(f_n)(\mathbb{Q}) = \{(x, y) \in \mathbb{Q}^2 : x^n + y^n = 1\}.$$

Dies liefert für $n = 1$ die Gerade $\{(x, 1 - x) : x \in \mathbb{Q}\}$ und für $n = 2$ die rationalen Punkte des Einheitskreises S^1, zum Beispiel $\left(\frac{3}{5}, \frac{4}{5}\right)$ oder $\left(\frac{5}{13}, \frac{12}{13}\right)$. Schreiben wir $x = p/r$ und $y = q/r$ für $p, q, r \in \mathbb{Z}$ mit $r \neq 0$ so lässt sich die Gleichung wie folgt umschreiben:

$$x^n + y^n = 1 \ \Leftrightarrow \ \frac{p^n}{r^n} + \frac{q^n}{r^n} = 1 \ \Leftrightarrow \ p^n + q^n = r^n.$$

Fermats letzter Satz, welcher 1995 von Andrew Wiles in Zusammenarbeit mit Richard Taylor bewiesen wurde (vgl. [Wil95], [TW95]), ist also äquivalent dazu, dass $\mathrm{V}(f_n)(\mathbb{Q}) = \{(1, 0), (0, 1)\}$ für n ungerade und $\mathrm{V}(f_n)(\mathbb{Q}) = \{(1, 0), (-1, 0), (0, 1), (0, -1)\}$ für n gerade gilt.

Dieses letzte Beispiel ist repräsentativ für die Natur algebraischer Mengen: Sie lassen sich zugleich als geometrische Objekte (wie S^1) auffassen und kodieren arithmetische Information (wie die Lösbarkeit der Fermat-Gleichung). Aus diesem Grund sind sie zentrale Objekte im Studium der sogenannten *arithmetischen Geometrie*.

Bei affin algebraischen Mengen kann man sich stets auf endlich viele definierende Polynome einschränken:

Theorem 2.1 (Der Hilbertsche Basissatz) *Ist R ein noetherscher Ring, so ist auch $R[X]$ noethersch. Insbesondere ist für einen Körper k jedes Ideal $I \subseteq k[X_1, \ldots, X_n]$ von endlich vielen Elementen erzeugt.*

Beweis Wir verweisen für den Beweis der ersten Aussage auf [Eis95, §1.4].

Die angestrebte Folgerung lässt sich wie folgt erklären: Ein Ring heißt noethersch, falls jedes seiner Ideale endlich erzeugt ist. Da ein Körper k nur das Nullideal und $k = \langle 1 \rangle$ selbst als Ideale enthält, ist jeder Körper noethersch. Also ist nach Hilberts Basissatz $k[X_1]$ noethersch. Induktiv folgern wir, dass $k[X_1, \ldots, X_n] = k[X_1, \ldots, X_{n-1}][X_n]$ noethersch ist, also jedes seiner Ideale endlich erzeugt. □

Wir erinnern daran, dass ein Primideal in einem Ring R ein Ideal $I \subseteq R$ ist, sodass die Implikation $xy \in I \Rightarrow (x \in I) \vee (y \in I)$ für alle $x, y \in R$ gültig ist.

Definition 2.4 Eine affin algebraische Menge V heißt *affine algebraische Varietät*, falls $\mathrm{I}(V) \subseteq \overline{k}[X_1, \ldots, X_n]$ ein Primideal ist. In diesem Fall nennen wir V auch *irreduzibel*.

Wir werden ab jetzt einfach *affine Varietät* statt affine algebraische Varietät schreiben.

Beispiel 2.3 Die affin algebraische Menge

$$V = \{(x, y) \in \mathbb{A}^2_{\mathbb{R}}(\mathbb{C}) = \mathbb{C}^2 : xy = 0\} = \mathrm{V}(XY)(\mathbb{C})$$

ist nicht irreduzibel, denn $XY \in \mathrm{I}(V) = \langle XY \rangle \subseteq \mathbb{C}[X, Y]$, aber $X \notin \mathrm{I}(V)$ und $Y \notin \mathrm{I}(V)$. Geometrisch lässt sich das durch V dargestellte Koordinatenkreuz in die Geraden $V(X)(\mathbb{C})$, die y-Achse, und $V(Y)(\mathbb{C})$, die x-Achse, zerlegen.

Beispiel 2.4 Die affin algebraische Menge

$$V = \{(x, y) \in \mathbb{A}^2_{\mathbb{Q}}(\overline{\mathbb{Q}}) = \overline{\mathbb{Q}}^2 : x^n + y^n = 1\} = \mathrm{V}(X^n + Y^n - 1)(\overline{\mathbb{Q}})$$

ist irreduzibel, denn wenn $fg \in \mathrm{I}(V) = \langle X^n + Y^n - 1 \rangle \subseteq \overline{\mathbb{Q}}[X, Y]$ mit $f, g \in \overline{\mathbb{Q}}[X, Y]$, so folgt $(X^n + Y^n - 1) \mid fg$ in $\overline{\mathbb{Q}}[X, Y]$, womit wegen Irreduzibilität[2] des Polynoms $X^n + Y^n - 1 \in \overline{\mathbb{Q}}[X, Y]$ schon $(X^n + Y^n - 1) \mid f$ oder $(X^n + Y^n - 1) \mid g$ folgt, also $f \in \langle X^n + Y^n - 1 \rangle$ oder $g \in \langle X^n + Y^n - 1 \rangle$.

Anmerkung 2.4 Ist V über k definiert, so kann es sein, dass $\mathrm{I}(V) \subseteq \overline{k}[X_1, \ldots, X_n]$ nicht prim ist, obwohl das Ideal $\mathrm{I}(V) \cap k[X_1, \ldots, X_n]$ prim ist: Etwa ist $\mathrm{V}(X^2 + 1)(\mathbb{R}) = \emptyset$ durch das Polynom $X^2 + 1 \in \mathbb{R}[X]$ definiert, dessen $\mathbb{R}[X]$-Erzeugnis ein Primideal ist, wohingegen dessen $\mathbb{C}[X]$-Erzeugnis in die Primideale $\langle X - i \rangle$ und $\langle X + i \rangle$ zerfällt, also nicht prim ist.

In anderen Worten ist die Eigenschaft der Irreduzibilität nicht *invariant unter Basiswechsel* zum algebraischen Abschluss, und wir fordern von affinen Varietäten, dass diese *geometrisch irreduzibel,* d. h. irreduzibel nach solchem Basiswechsel, sind.

Geometrische Eigenschaften affiner Varietäten $V \subseteq \mathbb{A}_k^n(\overline{k})$ übersetzen sich in ringtheoretische Eigenschaften des sogenannten affinen Koordinatenrings $k[V]$ von V. Für dessen Definition führen wir die Notation $\mathrm{I}_k(V) := \mathrm{I}(V) \cap k[X_1, \ldots, X_n]$ ein.

Definition 2.5 Sei $V \subseteq \mathbb{A}_k^n(\overline{k})$ eine affine Varietät. Dann ist der *affine Koordinatenring von V über* $\overline{k}$ der Quotientenring $\overline{k}[V] = \overline{k}[X_1, \ldots, X_n]/\mathrm{I}(V)$.

Ist V über k, definiert, so nennen wir $k[V] = k[X_1, \ldots, X_n]/\mathrm{I}_k(V)$ den *affinen Koordinatenring der k-Varietät V* oder den *affinen Koordinatenring der Varietät V über k.*

Weil das V definierende Ideal $\mathrm{I}(V)$ und somit auch $\mathrm{I}_k(V)$ irreduzibel sind, sind $\overline{k}[V]$ und $k[V]$ Integritätsbereiche. Mithin können wir ihren Quotientenkörper bilden:

Definition 2.6 Ist V eine affine Varietät, so nennen wir den Quotientenkörper $\overline{k}(V)$ von $\overline{k}[V]$ den *Funktionenkörper von V.*

Ist V ferner über k definiert, so nennen wir den Quotientenkörper $k(V)$ von $k[V]$ den *Funktionenkörper von V über k.*

Anmerkung 2.5 Mithilfe des Hilbertschen Nullstellensatzes lässt sich zeigen, dass die Menge V mit der Menge maximaler Ideale in $\overline{k}[V]$ via

[2] Die Irreduzibilität von $X^n + Y^n - 1 \in \overline{\mathbb{Q}}[X, Y] = \overline{\mathbb{Q}}[Y][X]$ kann hierbei mithilfe des Eisenstein-Kriteriums und $p = Y - 1 \in \overline{\mathbb{Q}}[Y]$ nachgewiesen werden. Wir verweisen auf [Lan02, IV, §3.1].

$$V \ni x = (x_1, \dots, x_n) \mapsto \langle \overline{X}_1 - x_1, \dots, \overline{X}_n - x_n \rangle = \{f \in \overline{k}[V] : f(x) = 0\} \subseteq \overline{k}[V]$$

in Bijektion steht. Aus dieser Beobachtung lässt sich ein enger Zusammenhang zwischen der Algebra in affinen Koordinatenringen und der Geometrie von affinen Varietäten herstellen. Dieselbe Aussage für $V(k)$ und $k[V]$ ist im Allgemeinen falsch: Stattdessen stehen die maximalen Ideale in $k[V]$ mit den Galois-Bahnen von Punkten in V in Bijektion.

Wir erinnern daran, dass der *Transzendenzgrad einer Körpererweiterung* L/K als Kardinalität einer maximal K-algebraisch unabhängigen Teilmenge in L definiert ist. Etwa ist der Transzendenzgrad über k von dem Quotientenkörper $k(X_1, \dots, X_n)$ des Polynomrings $k[X_1, \dots, X_n]$ durch n gegeben, weil die Menge $\{X_1, \dots, X_n\} \subseteq k(X_1, \dots, X_n)$ maximal k-algebraisch unabhängig ist.

Definition 2.7 Sei V eine affine Varietät. Dann nennen wir den Transzendenzgrad des Funktionenkörpers $\overline{k}(V)$ über $\overline{k}$ die *Dimension* $\dim(V)$ *von* V.

Ist V eindimensional, so nennen wir V auch affine, algebraische *Kurve.* Ist V zusätzlich über k definiert, so nennen wir $V(k)$ eine affine, algebraische *Kurve über* k.

Beispiel 2.5 Die Dimension von $V = \mathbb{A}^n_k(\overline{k})$ ist n, denn $\overline{k}(\mathbb{A}^n_k(\overline{k})) = \overline{k}(X_1, \dots, X_n)$. Ist $V = \mathrm{I}(f)$ für ein nicht-konstantes Polynom $f \in \overline{k}[X_1, \dots, X_n]$, so gilt $\dim(V) = n - 1$ dank des sogenannten *Krullschen Hauptidealsatzes.*

Anmerkung 2.6 Man kann zeigen, dass die Dimension einer Varietät invariant unter Basiswechsel ist. Ist V über k definiert, so ist $\dim(V)$ also auch durch den Transzendenzgrad von $k(V)/k$ gegeben.

Wir wollen nun den Begriff der Glattheit einer affinen Varietät einführen (Abb. 2.1).

Beispiel 2.6 Ein glatter Punkt auf einer Kurve sollte ein Punkt sein, bei dem von der Tangente an die Kurve eine eindeutige Richtung vorgegeben wird. Etwa ist die Kurve $\mathrm{V}(Y^2 - X^3 - X^2)(\mathbb{R})$ über $\mathbb{R}$ geometrisch eine Schleife mit Überschneidungspunkt in 0 und die Kurve $\mathrm{V}(Y^2 - X^3)(\mathbb{R})$ über $\mathbb{R}$ hat sogar eine Spitze in der 0. Die dritte in Abb. 2.1 dargestellte Kurve ist hingegen an jedem ihrer Punkte glatt.

Die Tatsache, dass die ersten beiden Kurven nicht glatt im Punkt $x = (0, 0) \in \mathbb{A}^2_{\mathbb{R}}(\mathbb{R})$ sind, lässt sich algebraisch dadurch erklären, dass die Jacobi-Matrizen der Polynome $f = Y^2 - X^3 - X^2$ und $g = Y^2 - X^3$ im Punkt $(0, 0)$

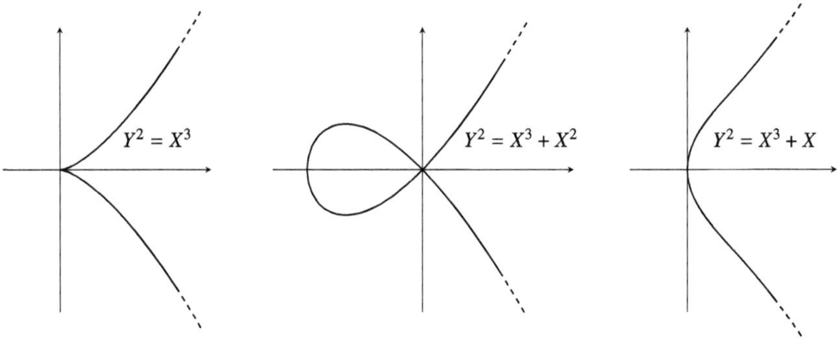

Abb. 2.1 Vergleich singulärer und glatter kubischer Kurven

$$\left(\tfrac{\partial f}{\partial X}(0,0) \;\; \tfrac{\partial f}{\partial Y}(0,0)\right) = \left(0\;0\right) \quad \text{bzw.} \quad \left(\tfrac{\partial g}{\partial X}(0,0) \;\; \tfrac{\partial g}{\partial Y}(0,0)\right) = \left(0\;0\right)$$

den Rang $0 < 2 - \dim(\mathrm{V}(f)(\mathbb{R})) = 1$ bzw. $0 < 2 - \dim(\mathrm{V}(g)(\mathbb{R})) = 1$ haben. Es lässt sich sofort ablesen, dass die Jacobi-Matrizen von f bzw. g an allen anderen Punkten den Rang $1 = 2 - \dim(\mathrm{V}(f)(\mathbb{R}))$ bzw. $1 = 2 - \dim(\mathrm{V}(g)(\mathbb{R}))$ haben.

Ist allgemeiner $V(\mathbb{R}) = \mathrm{V}(f)(\mathbb{R})$ für ein nicht-konstantes Polynom $f \in \mathbb{R}[X_1, \ldots, X_n]$ von Grad 1, sodass $\dim(V(\mathbb{R})) = n-1$ nach 2.5, so gilt $\mathrm{rg}(\mathrm{Jac}_f(x)) < n - \dim(V(\mathbb{R})) = n - (n-1) = 1$ für $x \in \mathbb{R}^n$ genau dann, wenn

$$\frac{\partial f}{\partial X_1}(x) = \cdots = \frac{\partial f}{\partial X_n}(x) = 0$$

und sonst ist $\mathrm{rg}(\mathrm{Jac}_f(x)) = n - \dim(\mathrm{V}(\mathbb{R}))$. Im ersten Fall nennen wir x einen *singulären Punkt* von $V(\mathbb{R})$ und im zweiten Fall einen *glatten* oder *regulären Punkt.*

Die partiellen Ableitungen, die für die Definition der Jacobi-Matrix erforderlich sind, lassen sich für Polynome mit Koeffizienten in beliebigen Körpern k durch die Formel $(X^n)' = nX^{n-1}$ für $n \geq 1$, $1' = 0$ und lineare Fortsetzung definieren. Sie werden dann auch *formale (partielle) Ableitungen* genannt und weiterhin wie üblich mit $\partial f/\partial X$ bezeichnet. Wir haben die folgende Definition motiviert:

Definition 2.8 Sei V eine affine Varietät über k mit $x \in V$ und $f_1, \ldots, f_m \in k[X_1, \ldots, X_n]$ ein Erzeugendensystem von $\mathrm{I}(V)$. Dann heißt V *glatt bei* x, falls die $m \times n$ Jacobi-Matrix

$$\mathrm{Jac}_x(f_1, \ldots, f_m) = \left(\frac{\partial f_i}{\partial X_j}(x) \right)_{1 \le i \le m, 1 \le j \le n}$$

den Rang $n - \dim(V)$ hat.

Anmerkung 2.7 Wegen der Dimensionsformel gilt

$$\dim(\ker(\mathrm{Jac}_x(f_1, \ldots, f_m))) + \mathrm{rg}(\mathrm{Jac}_x(f_1, \ldots, f_m)) = n.$$

Mithilfe von Krulls Hauptidealsatz lässt sich $\dim(\ker(\mathrm{Jac}_x(f_1, \ldots, f_m))) \ge \dim(V)$ zeigen, sodass $\mathrm{rg}(\mathrm{Jac}_x(f_1, \ldots, f_m)) \le n - \dim(V)$ folgt. Insbesondere ist V genau dann glatt bei x, wenn die Jacobi-Matrix bei x den höchstmöglichen Rang hat.

Zuletzt benötigen wir das Konzept des lokalen Rings einer Varietät:

Definition 2.9 Sei V eine affine Varietät, $x \in V$ und $\mathfrak{m}_x := \{f \in \overline{k}[V] : f(x) = 0\}$ das zugehörige maximale Ideal. Der *lokale Ring* $\overline{k}[V]_x$ *von* V *bei* x ist die Lokalisierung von $\overline{k}[V]$ bei $\mathfrak{m}_x$, d. h.

$$\overline{k}[V]_x = \overline{k}[V]_{\mathfrak{m}_x} := \{f \in \overline{k}[V] : f = p/q \text{ mit } p, q \in \overline{k}[V], q \ne 0\}.$$

Anmerkung 2.8 Aus den Definitionen folgt sofort, dass die natürliche Surjektion $\overline{k}[V]_x \to \overline{k}$, $f \mapsto f(x) = p(x)/q(x)$ den Kern $\mathfrak{m}_x$ hat.

2.2 Projektive Varietäten

Nun wollen wir unsere Ergebnisse nutzen, um projektive Varietäten zu studieren. Schlussendlich werden wir elliptische Kurven als bestimmte projektive Kurven definieren. Dazu müssen wir einige Begriffe für affine Varietäten in die Welt der projektiven Varietäten übertragen.

Definition 2.10 Der *n-dimensionale projektive Raum (auf k)* (genauer: die Menge seiner $\overline{k}$-wertigen Punkte) ist die Menge

$$\mathbb{P}^n_k(\overline{k}) = \{(x_0, \ldots, x_n) \in \mathbb{A}^n_k(\overline{k}) : x_i \ne 0 \text{ für mindestens ein } i = 0, \ldots, n\}_{/\sim},$$

wobei $(x_0, \dots, x_n) \sim (y_0, \dots, y_n)$ genau dann gelte, wenn ein $\lambda \in (\overline{k})^\times = \overline{k} \setminus \{0\}$ mit $\lambda x_i = y_i$ für alle $i = 0, \dots, n$ existiert.

Wir schreiben die Elemente $[(x_0, \dots, x_n)]_\sim \in \mathbb{P}^n_k(\overline{k})$, welche Äquivalenzklassen der Äquivalenzrelation $\sim$ sind, der Einfachheit halber als $[x_0 : \dots : x_n]$.

Erneut definieren wir für alle Teilkörper $k' \subseteq \overline{k}$ mit $k \subseteq k'$

$$\mathbb{P}^n_k(k') = \{[x_0 : \dots : x_n] \in \mathbb{P}^n_k(\overline{k}) : x_i \in k \ \forall i = 0, \dots, n\},$$

und erneut existiert eine natürliche Galois-Aktion auf $\mathbb{P}^n_k(\overline{k})$ mit $(\mathbb{P}^n_k(\overline{k}))^{\mathrm{Gal}_k} = \mathbb{P}^n_k(k)$.

Anmerkung 2.9 Schreiben wir $[x_0, \dots, x_n]$ für ein Element des projektiven Raumes, so müssen wir immer im Hinterkopf behalten, dass wir es mit Äquivalenzklassen zu tun haben. Mithin folgt aus $[x_0 : \dots : x_n] = [y_0 : \dots : y_n]$ nicht $x_i = y_i$ für $i = 0, \dots, n$, sondern lediglich $\lambda x_i = y_i$ für ein $\lambda \in \overline{k} \setminus \{0\}$ und $i = 0, \dots, n$.

Dies führt zu Subtilitäten bei der Definition k-wertiger Punkte: Beispielsweise ist etwa $[-i : i] \in \mathbb{P}^2_{\mathbb{R}}(\mathbb{R})$, denn $[-i : i] = [1 : -1]$. Um $[x_0, \dots, x_n] \in \mathbb{P}^n_k(k)$ nachzuweisen, ist es hinreichend, $j \in \{0, \dots, n\}$ mit $x_j \neq 0$ zu wählen und zu prüfen, ob $x_i / x_j \in k$ für alle $i = 0, \dots, n$ gilt.

Anmerkung 2.10 Eine Motivation für die Definition des projektiven Raums ist die Tatsache, dass $\mathbb{P}^n_k(k')$ für $k' \subseteq \overline{k}$ mit $k \subseteq k'$ in Bijektion mit der Menge der Geraden, d. h. 1-dimensionalen Unterräumen, in $(k')^n$ steht. Diese Interpretation lässt sich formalisieren, indem $\mathbb{P}^n_k$ als sogenannter *Modulraum* oder *klassifizierender Raum* verstanden wird.

Es ist nicht möglich, Punkte des projektiven Raumes in beliebige Polynome einzusetzen. Stattdessen müssen wir uns auf die folgende Klasse beschränken:

Definition 2.11 Ein Polynom $f \in \overline{k}[X_0, \dots, X_n]$ heißt *homogen von Grad* $d \in \mathbb{N}_0$, falls

$$f(\lambda x_0, \dots, \lambda x_n) = \lambda^d f(x_0, \dots, x_n) \quad \forall \lambda \in \overline{k}, (x_0, \dots, x_n) \in \mathbb{A}^{n+1}_k(\overline{k}).$$

Ein Ideal $I \subseteq \overline{k}[X_0, \dots, X_n]$ heißt *homogen,* falls es von homogenen Polynomen erzeugt wird.

Für solche homogenen Ideale lassen sich erneut Verschwindungsmengen definieren:

Definition 2.12 Sei $I \subseteq \overline{k}[X_0, \dots, X_n]$ ein homogenes Ideal.

Die *Verschwindungsmenge von I* (genauer: die Menge ihrer $\overline{k}$-wertigen Punkte) in $\mathbb{P}^n_k$ ist die Menge

$$V(I)(\overline{k}) = \{x = [x_0 : \dots : x_n] \in \mathbb{P}^n_k(\overline{k}) : f([x_0 : \dots : x_n]) = 0 \ \forall f \in I \text{ homogen}\}.$$

Wir nennen Verschwindungsmengen homogener Ideale in $\mathbb{P}^n_k$ auch *projektiv algebraische Mengen.*

Hierbei sei $f([x_0 : \dots : x_n]) := f(x'_0, \dots, x'_n)$ für irgendeinen Repräsentanten $(x'_0, \dots, x'_n)$ der Äquivalenzklasse $[x_0 : \dots : x_n]$. Dank Homogenität von f ist das Ergebnis unabhängig von der Wahl dieses Repräsentanten.

Definition 2.13 Eine projektiv algebraische Menge V ist *über k definiert,* falls das zu V gehörige Ideal

$$I(V) = \{f \in \overline{k}[X_0, \dots, X_n] \text{ homogen} : f(x) = 0 \ \ \forall x \in V\} \subseteq \overline{k}[X_0, \dots, X_n]$$

von homogenen Elementen in $k[X_0, \dots, X_n]$ erzeugt ist. In diesem Fall heißt die Menge

$$V(k) = \{x \in \mathbb{P}^n_k(k) : f(x) = 0 \ \ \forall f \in I(V)\}.$$

die *Menge k-wertiger Punkte* von V.

Erneut fordern wir nun von einer Varietät, dass diese irreduzibel ist:

Definition 2.14 Eine projektiv algebraische Menge $V \subseteq \mathbb{P}^n_k(\overline{k})$ heißt *projektive, algebraische Varietät,* falls $I(V) \subseteq \overline{k}[X_0, \dots, X_n]$ ein Primideal ist.

Erneut schreiben wir ab jetzt einfach *projektive Varietät* statt projektive, algebraische Varietät.

Beispiel 2.7 Betrachte das homogene Polynom $f = XY \in \mathbb{R}[X]$. Dann gilt $V(f)(\mathbb{C}) = \{[0 : 1], [1 : 0]\} \subseteq \mathbb{P}^2_{\mathbb{R}}(\mathbb{C})$, denn $f([x : y]) = 0$ bedeutet $xy = 0$, also $x = 0$ oder $y = 0$. Im ersten Fall folgt $y \neq 0$, also $[x : y] = [0 : y] = [0 : 1]$ und im zweiten Fall analog $[x : y] = [1 : 0]$.

Außerdem gilt $\mathrm{I}(\mathrm{V}(f)(\mathbb{C})) = \langle XY \rangle$, was kein Primideal ist, sodass die projektiv algebraische Menge $\mathrm{V}(f)(\mathbb{C})$ keine Varietät ist.

Beispiel 2.8 Jedes Polynom $f \in k[X_1, \ldots, X_n]$ besitzt eine sogenannte *Homogenisierung:* Ist $\deg(f) = d$ (der *Gesamtgrad*), so wird dafür

$$f_j^{\mathrm{h}}(X_0, \ldots, X_n) = X_j^d \cdot f\left(\frac{X_0}{X_j}, \ldots, \frac{X_{j-1}}{X_j}, \frac{X_{j+1}}{X_j}, \ldots, \frac{X_n}{X_j}\right)$$

gesetzt. Etwa ist die Homogenisierung nach Z von dem Fermat-Polynom $X^n + Y^n - 1 \in k[X, Y]$ von Grad n das homogene Polynom $X^n + Y^n - Z^n \in k[X, Y, Z]$ und die Homogenisierung nach Y das homogene Polynom $X^n + Z^n - Y^n$. Die Homogenisierung vom Polynom $Y^2 - X^3 - X^2$ von Grad 3 ist das Polynom $Y^2Z - X^3 - X^2Z$.

Anmerkung 2.11 Innerhalb von $\mathbb{P}_k^n(\overline{k})$ lassen sich $n+1$ Kopien von $\mathbb{A}_k^n(\overline{k})$ identifizieren: Zu $i = 0, \ldots, n$ können wir nämlich die *Inklusion*

$$\phi_i : \mathbb{A}_k^n(\overline{k}) \to \mathbb{P}_k^n(\overline{k}), \ (x_1, \ldots, x_n) \mapsto [x_1 : \cdots : x_{i-1} : 1 : x_i : \ldots, x_n]$$

betrachten. Bezeichnet nun $H_i = \mathrm{V}(X_i)(\overline{k})$ die Hyperebene in $\mathbb{P}_k^n(\overline{k})$, die orthogonal zum Element $[0, \ldots, 0, 1, 0, \ldots, 0]$ mit 1 an der $i$ten Stelle steht, und $U_i = \mathbb{P}_k^n(\overline{k}) \setminus H_i$ ihr Komplement, so lässt sich eine Umkehrfunktion zu ϕ_i auf U_i als

$$\phi_i^{-1} : U_i \to \mathbb{A}_k^n(\overline{k}), \ [x_0 : \cdots : x_n] \mapsto \left(\frac{x_0}{x_i}, \ldots, \frac{x_{i-1}}{x_i}, \frac{x_{i+1}}{x_i}, \ldots, \frac{x_n}{x_i}\right)$$

definieren. Die Mengen $U_0, \ldots, U_n$ überdecken $\mathbb{P}_k^n(\overline{k})$, und auf jeder solchen Menge sieht der projektive Raum wie der affine Raum aus.

Durch Schneiden der Konstruktion aus der Anmerkung mit projektiven Varietäten V folgt sofort die folgende Proposition:

Proposition 2.1 *Eine projektive Varietät V besitzt eine Überdeckung $U_0, \ldots, U_n$ von Teilmengen, die via ϕ_i^{-1} in Bijektion zu affinen Varietäten stehen.*
Außerdem gilt für $i = 0, \ldots, n$

$$\mathrm{I}(\phi_i^{-1}(V \cap U_i)) = \{f(X_1, \ldots, X_{i-1}, 1, X_{i+1}, \ldots, X_n) : f \in \mathrm{I}(V)\},$$

d. h. das zu der affinen Varietät $\phi_i^{-1}(V \cap U_i)$ *gehörende Ideal besteht aus den Dehomogenisierungen nach* X_i *der homogenen Polynome, welche in dem zur projektiven Varietät gehörenden Ideal* $\mathrm{I}(V)$ *enthalten sind.*

Beweis Diese Aussage folgt sofort aus der Definition der Bijektion ϕ_i^{-1}. Dass diese Abbildung tatsächlich invers zu ϕ_i ist, bedarf einer einfachen Rechnung. Ihre Wohldefiniertheit ist klar. □

Definition 2.15 Sei $V \subseteq \mathbb{A}_k^n(\overline{k})$ eine affin algebraische Menge mit zugehörigem Ideal $\mathrm{I}(V)$ und betrachte $\phi_i(V) \subseteq \mathbb{P}_k^n(\overline{k})$ mit $\phi_i : \mathbb{A}_k^n(\overline{k}) \to \mathbb{P}_k^n(\overline{k})$ wie zuvor.

Der *projektive Abschluss von* V (nach der i-ten Koordinate) ist die projektiv algebraische Menge $\overline{V} := \mathrm{V}(\mathrm{I}_i^{\mathrm{h}}(V)) \subseteq \mathbb{P}_k^n(\overline{k})$, wobei $\mathrm{I}_i^{\mathrm{h}}(V)$ das homogene Ideal $\{f_i^{\mathrm{h}} : f \in \mathrm{I}(V)\}$ bezeichnet.

Wir unterdrücken die Abhängigkeit von i in der Notation für den projektiven Abschluss.

Proposition 2.2 *Ist* V *eine affine Varietät, so ist* $\overline{V}$ *eine projektive Varietät.*

Ist andersherum V *eine projektive Varietät, so ist* $\phi_i^{-1}(V \cap U_i)$ *für alle* $i = 0, \ldots, n$ *eine affine Varietät, die entweder leer ist oder* V *als projektiven Abschluss nach der* i*-ten Koordinate hat.*

Beweis Wir verweisen auf [Sil86, Prop. I.2.6]. □

Anmerkung 2.12 Es folgt aus den Konstruktionen, dass die algebraische Abgeschlossenheit von $\overline{k}$ nicht relevant ist: Ist eine affine Varietät über k definiert, so ist auch ihr projektiver Abschluss über k definiert und beide Propositionen sind genauso für k-Varietäten und ihre k-wertigen Punkte gültig.

Anmerkung 2.13 Die Proposition 2.2 ist daher von großem praktischen Nutzen für uns, da sie uns ermöglicht, projektive Varietäten durch affine Koordinaten zu definieren und zu studieren. Elliptische Kurven sind definitionsgemäß bestimmte projektive Varietäten und wir werden diese stets als projektive Abschlüsse affiner Varietäten verstehen.

Definition 2.16 Ist V eine affine Varietät und $\overline{V}$ ihr projektiver Abschluss, so heißen die Punkte in $\overline{V} \setminus V$ *Punkte bei unendlich.*

Beispiel 2.9 Ist $V = \mathrm{V}(Y^2 - X^3 - X^2)(\overline{k})$ mit $\mathrm{I}(V) = \langle Y^2 - X^3 - X^2 \rangle$ und nehmen wir den projektiven Abschluss von V bezüglich der *dritten Koordinate,* so erhalten wir $I_2^{\mathrm{h}}(V) = \langle Y^2 Z - X^3 - X^2 Z \rangle$ und somit $\overline{V} = \{[x : y : z] \in \mathbb{P}_k^2(\overline{k}) : y^2 z = x^3 + x^2 z\}$.

Außerdem gilt $\phi_0(x, y) = [x : y : 1]$, also $\phi_0(V) = \{[x : y : 1] : x, y \in \overline{k}\} \cap V$. Somit sind die Punkte bei unendlich von $\overline{V}$ genau die Punkte $\{[x : y : 0] \in \mathbb{P}_k^2(\overline{k}) : y^2 z = x^3 + x^2 z\}$, für die kein Repräsentant von $[x : y : z]$ mit $z = 1$ existiert. Aus $z = 0$ und $y^2 z = x^3 + x^2 z$ folgt aber sofort $x^3 = 0$, d. h. $x = 0$, und somit hat $\overline{V}$ genau einen Punkt bei unendlich, nämlich $[0 : 1 : 0] \in \mathbb{P}_k^2(\overline{k})$.

Dieselben Aussagen gelten auch nach Ersetzen von $\overline{k}$ durch k.

Mithilfe der affinen Koordinatenumgebungen U_i können wir auch die Begriffe von Dimension, Glattheit, Funktionenkörper und lokalen Ringen auf die projektive Welt übertragen:

Definition 2.17 Sei V eine projektive Varietät und wähle $i = 0, \ldots, n$ so, dass $\phi_i^{-1}(V \cap U_i) \neq \emptyset$. Dann ist $\dim(V) := \dim(\phi_i^{-1}(V \cap U_i))$ unabhängig von dem gewählten i und heißt die *Dimension von* V.

Sei nun $x \in V$ ein Punkt und wähle $i = 0, \ldots, n$ mit $x \in V \cap U_i$. Dann heißt V *glatt* oder *regulär bei* x, falls $\phi_i^{-1}(V \cap U_i)$ glatt bei x ist. Erneut ist diese Eigenschaft unabhängig von dem gewählten i.

Der *Funktionenkörper (bzw. Funktionenkörper über* k*)* $\overline{k}(V)$ *(bzw.* $k(V)$*) von* V ist der Funktionenkörper von $\phi_i^{-1}(V \cap U_i)$ (bzw. von $\phi_i^{-1}(V(k) \cap U_i)$) für irgendein $i = 0, \ldots, n$. Verschiedene Wahlen von i liefern kanonisch isomorphe Körper.

Ist $x \in V$ ein Punkt und $i = 0, \ldots, n$ mit $x \in V \cap U_i$, so heißt schließlich der Ring $k[V]_x := k[\phi_i^{-1}(V \cap U_i)]_x$ der *lokale Ring von* V *bei* x. Erneut liefern verschiedene Wahlen von i kanonisch isomorphe Ringe.

Wir verweisen für die Wohldefiniertheit dieser Eigenschaften und Objekte auf [Sil86, I.2].

Anmerkung 2.14 Der Funktionenkörper $\overline{k}(V)$ einer projektiven Varietät $V \subseteq \mathbb{P}_k^n(\overline{k})$ kann wie folgt explizit beschrieben werden:

$$\overline{k}(V) = \left\{ \frac{f}{g} : f, g \in k[X_1, \ldots, X_n] \text{ homogen vom selben Grad, } g \notin \mathrm{I}(V) \right\}_{/\sim},$$

wobei $f/g \sim r/s$ genau dann gelte, wenn $fs - rg \in \mathrm{I}(V)$. Intuitiv gesprochen bedeutet dies, dass der Funktionenkörper einer projektiven Varietät aus skalierungsinvarianten rationalen Funktionen besteht, deren Nenner nicht an allen Punkten von V verschwinden und die identifiziert werden, wenn sie dieselben Werte an allen Punkten von V liefern.

Zuletzt wollen wir knapp Morphismen zwischen Varietäten einführen. Wir beschränken uns dabei auf projektive Varietäten, weil wir Morphismen nur in diesem Kontext verwenden werden.

Definition 2.18 Seien $V_1 \subseteq \mathbb{P}_k^m(\overline{k})$ und $V_2 \subseteq \mathbb{P}_k^n(\overline{k})$ projektive Varietäten. Dann heißt ein $(n+1)$-Tupel $\phi = (\phi_0, \dots, \phi_n)$ bestehend aus homogenen Polynomen $\phi_0, \dots, \phi_n \in \overline{k}[X_0, \dots, X_m]$ vom selben Homogenitätsgrad, welche nicht allesamt in $\mathrm{I}(V_1)$ liegen, eine *rationale Abbildung* $V_1 \to V_2$, falls

$$\forall f \in \mathrm{I}(V_2): \quad f \circ (\phi_0, \dots, \phi_n) \in \mathrm{I}(V_1).$$

Anmerkung 2.15 Diese Definition lässt sich wie folgt motivieren: Eine rationale Abbildung $V_1 \to V_2$ sollte eine Regel sein, wie wir durch polynomielle Transformationen aus Punkten in V_1 Punkte in V_2 gewinnen können. Wir möchten also eine Vorschrift der Art

$$V_1 \ni x \mapsto \phi(x) := [\phi_0(x) : \cdots : \phi_n(x)] \in V_2$$

für homogene Polynome ϕ_i festlegen. Da V_1 aus projektiven Koordinaten besteht, müssen wir zunächst sichern, dass so eine Vorschrift wohldefiniert ist, d. h. $\phi(\lambda x) = \phi(x)$ für alle $\lambda \in (\overline{k})^\times$. Dazu muss der Homogenitätsgrad aller ϕ_i derselbe sein.

Außerdem ist der Punkt $[0 : \cdots : 0]$ kein Punkt des projektiven Raums, und daher sollten wir mindestens fordern, dass nicht alle ϕ_i auf allen Punkten von V_1 den Wert Null annehmen (d. h. $\phi_i \in \mathrm{I}(V_1)$), sodass unsere Vorschrift die Chance hat, immerhin an manchen Punkten von V_1 definiert zu sein. Zuletzt müssen wir sicherstellen, dass wir auch tatsächlich in die Varietät V_2 abbilden und nicht irgendeine Teilmenge des projektiven Raums mit ϕ treffen. Dafür müssen wir fordern, dass die Polynome $f \in \mathrm{I}(V_2)$, deren Nullstellenmengen die Varietät V_2 aus dem projektiven Raum ausschneiden, auf allen Bildern unter ϕ von Punkten aus V_1 Null sind, d. h. die Eigenschaft

$$f([\phi_0(x) : \cdots : \phi_n(x)]) = 0$$

für all jene $x \in V_1$ erfüllt ist, für die die Auswertung definiert ist.

Der Name *rationale Abbildung* rührt daher, dass die Auswertung nicht zwingend an allen Punkten definiert ist. A priori ist so ein ϕ nämlich undefiniert, falls $\phi_i(x) = 0$

für alle $i = 0, \ldots, n$ gilt. Es kann in einem solchen Fall jedoch immer noch möglich sein, einen anderen Repräsentanten der Klasse $[\phi_0(x) : \cdots : \phi_n(x)]$ zu finden, welche einen Punkt in der projektiven Ebene definiert. Wir erklären dies zunächst an einem Beispiel:

Beispiel 2.10 Sei zunächst $V_1 = \mathbb{P}^2_{\mathbb{R}}(\mathbb{C}) \to \mathbb{P}^1_{\mathbb{R}}(\mathbb{C}) = V_2$ die rationale Abbildung $\phi = (\phi_0, \phi_1)$ mit $\phi_0 = X$ und $\phi_1 = Y$, d. h. intuitiv die Projektion $[X : Y : Z] \mapsto [X : Y]$. Dann ist der einzige problematische Punkt $[0 : 0 : 1] \in \mathbb{P}^2_{\mathbb{R}}(\mathbb{C})$. In diesem Fall ist es nicht möglich, diese *Singularität aufzulösen.*

Beispiel 2.11 Sei nun $\mathbb{P}^2_{\mathbb{Q}}(\overline{\mathbb{Q}}) \supseteq V_1 = \mathrm{V}(X^2 + Y^2 - Z^2)(\overline{\mathbb{Q}}) \to \mathbb{P}^1_{\mathbb{Q}}(\overline{\mathbb{Q}}) = V_2$ die rationale Abbildung $\phi = (\phi_0, \phi_1)$ mit $\phi_0 = X$ und $\phi_1 = Z - Y$. Dann ist der einzige problematische Punkt der Punkt $[0 : 1 : 1] \in V$. Allerdings ist es möglich, diese Singularität aufzulösen:

$$\begin{aligned}\phi &= [X : Z - Y] \overset{(*)}{=} [X(Z+Y) : (Z-Y)(Z+Y)]\\ &= [X(Z+Y) : Z^2 - Y^2] \overset{(**)}{=} [X(Z+Y) : X^2] \overset{(*)}{=} [Z + Y : X]\end{aligned}$$

als Abbildung auf $V_1 \setminus \{[0 : 1 : 1], [0 : 1 : -1]\}$, wobei wir folgende Eigenschaften verwendet haben:

(*) $\mathbb{P}^1_{\mathbb{Q}}(\overline{\mathbb{Q}})$ ist invariant unter $\overline{\mathbb{Q}} \setminus \{0\}$-Skalierung und $Z + Y, X \neq 0$ auf $V_1 \setminus \{[0 : 1 : -1]\}$.
(**) Es gilt $Z^2 - Y^2 = X^2$ auf V_1, denn $x^2 + y^2 - z^2 = 0$ für alle $[x : y : z] \in V_1$.

Setzen wir $\phi([0 : 1 : 1]) = [1 + 1 : 0] = [2 : 0] = [1 : 0]$, so erhalten wir also eine Abbildung $V_1 \to V_2$, die in allen Punkten definiert ist.

Anmerkung 2.16 Das Vorgehen im vorangehenden Beispiel ist typisch für die algebraische Geometrie: Varietäten und ihre Morphismen sollten als Objekte verstanden werden, die lokal durch Polynome gegeben werden. Um bspw. einen Morphismus auf der ganzen Varietät zu definieren, genügt es, diesen *lokal auf affinen Umgebungen* auf eine solche Weise zu definieren, dass seine Definitionen auf den Schnitten dieser Umgebungen übereinstimmen.

In dem Beispiel 2.11 haben wir etwa ϕ auf $V_1 \setminus [0 : 1 : -1]$ und $V_1 \setminus [0 : 1 : 1]$ auf eine solche Weise definiert, dass beide Definitionen auf $V_1 \setminus \{[0 : 1 : 1], [0 : 1 : -1]\}$ übereinstimmen.

Definition 2.19 Eine rationale Abbildung $\phi = (\phi_0, \ldots, \phi_n) : V_1 \to V_2$ heißt *regulär* bei $x \in V_1$, falls homogene Polynome $\psi_0, \ldots, \psi_n \in \overline{k}[X_1, \ldots, X_m]$ vom gleichen Grad existieren, sodass $\phi_i\psi_j - \phi_j\psi_i \in \mathrm{I}(V_1)$ für alle $0 \leq i, j \leq n$ und $\psi_i(x) \neq 0$ für ein $i = 0, \ldots, n$. In diesem Fall können wir $\phi(x) := [\psi_0(x), \ldots, \psi_n(x)]$ definieren.

Eine rationale Abbildung, die an jedem Punkt regulär ist, heißt *Morphismus* von projektiven Varietäten.

Beispiel 2.12 Im ersten Beispiel 2.10 kann $\phi : \mathbb{P}_k^2(\overline{k}) \to \mathbb{P}_k^1(\overline{k})$ kein Morphismus sein, denn $\mathrm{I}(\mathbb{P}_k^2(\overline{k})) = \{0\}$ und somit sind nur Divisionen gemeinsamer Faktoren möglich, um $\phi([0:0:1])$ definierbar zu machen. Allerdings haben $\phi_0 = X$ und $\phi_1 = Y$ keine gemeinsamen Faktoren.

Mithin ist eine rationale Abbildung $\phi : \mathbb{P}_k^m(\overline{k}) \to \mathbb{P}_k^n(\overline{k})$, für die $\phi_0, \ldots, \phi_n$ keinen gemeinsamen Faktor haben, genau dann regulär bei x, wenn $\phi_i(x) \neq 0$ für ein $i = 0, \ldots, n$ gilt.

Beispiel 2.13 Im zweiten Beispiel 2.11 wurde in der Sprache von Definition 2.18 $\psi_0 = Z + Y$ und $\psi_1 = X$ gewählt, was den Voraussetzungen entspricht, da diese beiden Polynome denselben Grad haben und

$$\phi_0\psi_1 - \phi_1\psi_0 = X \cdot X - (Z-Y)(Z+Y) = X^2 - (Z^2 - Y^2) = X^2 + Y^2 - Z^2 \in \mathrm{I}(V_1).$$

Definition 2.20 Eine rationale Abbildung $\phi = (\phi_0, \ldots, \phi_n) : V_1 \to V_2$ heißt *über k definiert,* falls alle ϕ_i, $i = 0, \ldots, n$, ggf. nach Skalierung mit $(\overline{k})^\times$ Elemente von $k[X_0, \ldots, X_m]$ sind.

Eine über k definierte rationale Abbildung, die ein Morphismus ist, heißt *über k definierter Morphismus.*

Definition 2.21 Zwei projektive Varietäten V_1, V_2 heißen *birational äquivalent,* falls rationale Abbildungen $\phi : V_1 \to V_2$ und $\psi : V_2 \to V_1$ existieren, sodass $\psi \circ \phi = \mathrm{id}_{V_1}$ und $\phi \circ \psi = \mathrm{id}_{V_2}$ auf den jeweiligen Definitionsbereichen. Dann nennen wir ϕ und ψ auch *birational.*

Zwei projektive Varietäten V_1, V_2 heißen *isomorph,* falls Morphismen $\phi : V_1 \to V_2$ und $\psi : V_2 \to V_1$ existieren, sodass $\psi \circ \phi = \mathrm{id}_{V_1}$ und $\phi \circ \psi = \mathrm{id}_{V_2}$. Dann nennen wir ϕ und ψ auch *Isomorphismen* und schreiben $V_1 \cong V_2$.

Sind V_1 und V_2 über k definiert, so heißen V_1 und V_2 *über k isomorph* bzw. einfach *k-isomorph,* falls es einen über k definierten Isomorphismus $\phi : V_1 \to V_2$ gibt. Wir schreiben dann auch $V_1 \cong_k V_2$.

Anmerkung 2.17 Sind V_1, V_2 zwei k-isomorphe Varietäten, so identifiziert jeder über k definierte Isomorphismus die Mengen $V_1(k)$ und $V_2(k)$.

Beispiel 2.14 $V_1 = \mathrm{V}(Y^2Z - X^3 - XZ^2)(\overline{\mathbb{Q}})$ und $V_2 = \mathrm{V}(Y^2Z - X^3 - 4XZ^2)(\overline{\mathbb{Q}})$ sind isomorphe Varietäten via $\phi : V_1 \to V_2$, $[X : Y : Z] \mapsto [2X : 2\sqrt{2}Y : Z]$. Dieser Isomorphismus ist sogar über $\mathbb{Q}(\sqrt{2}) \subseteq \overline{\mathbb{Q}}$ definiert, nicht aber über $\mathbb{Q}$.

Tatsächlich sind V_1 und V_2 nicht über $\mathbb{Q}$ isomorph, weil $V_1(\mathbb{Q})$ und $V_2(\mathbb{Q})$ unterschiedliche Kardinalitäten haben (vgl. Bem. 2.17). Die Varietäten V_1 und V_2 heißen auch *quadratische Twists* voneinander, weil sie über einer quadratischen Erweiterung des Grundkörpers isomorph werden, aber nicht über dem Grundkörper isomorph sind.

2.3 Glatte Kurven

Für diesen Abschnitt schränken wir uns auf glatte, projektive, algebraische Kurven ein, deren Theorie besonders elegant ist. Da elliptische Kurven Beispiele solcher glatten, projektiven Kurven bilden, benötigen wir im weiteren Verlauf des Buches keine größere Allgemeinheit. Der Einfachheit halber kürzen wir den Begriff *projektive, algebraische Kurve* in diesem Kapitel einfach mit *Kurve* ab.

Die zentrale Aussage für den strukturellen Reichtum glatter Kurven ist die folgende Aussage. Wir erinnern daran, dass ein diskreter Bewertungsring ein Hauptidealbereich mit genau einem nicht-trivialen maximalen Ideal ist.

Proposition 2.3 *Sei C eine Kurve und $x \in C$ ein glatter Punkt. Dann ist $\overline{k}[C]_x$ ein diskreter Bewertungsring.*

Beweis Wir verweisen auf [Sil86, Prop. II.1.1]. □

Diskrete Bewertungsringe R haben eine äußerst simple Idealstruktur:

$$0 \subseteq \cdots \subseteq \mathfrak{m}^n \subseteq \cdots \subseteq \mathfrak{m}^2 \subseteq \mathfrak{m} \subseteq R$$

decken alle Ideale ab, und jedes dieser Ideale ist ein Hauptideal.

Proposition 2.4 *Sei R ein diskreter Bewertungsring. Dann macht die Abbildung*

$$\mathrm{ord} : \mathrm{Frac}(R) \setminus \{0\} \to \mathbb{Z}, \quad \frac{f}{g} \mapsto \sup\{d \in \mathbb{N}_0 : f \in \mathfrak{m}^d\} - \sup\{d \in \mathbb{N}_0 : g \in \mathfrak{m}^d\}$$

den Quotientenkörper $\mathrm{Frac}(R)$ *von* R *zu einem diskret bewerteten Körper und es gilt* $R = \{r \in \mathrm{Frac}(R) \setminus \{0\} : v(x) \geq 0\} \cup \{0\}$.

Beweis Für die Definition eines diskret bewerteten Körpers und den Beweis dieser Aussage verweisen wir auf [Lan02, XII, §6]. □

Insbesondere erhalten wir für eine Kurve C und jeden glatten Punkt $x \in C$ eine diskrete Bewertung $\mathrm{ord}_x : \overline{k}(C)_x \setminus \{0\} \to \mathbb{Z}$. Die Komposition mit der Lokalisierung $\overline{k}(C) \to \overline{k}(C)_x$ liefert uns damit eine Familie von diskreten Bewertungen $\{\mathrm{ord}_x\}_{x \in C \text{ glatt}}$ auf $\overline{k}(C)$.

Definition 2.22 Sei C eine Kurve und $x \in C$ ein glatter Punkt. Dann nennen wir für $f \in \overline{k}(C)$ die ganze Zahl $\mathrm{ord}_x(f)$ die Ordnung von f bei x.

Wir sagen, f habe ein *Nullstelle bei* x, falls $\mathrm{ord}_x(f) > 0$ und f habe eine *Polstelle bei* x, falls $\mathrm{ord}_x(f) < 0$.

Ist $\mathrm{ord}_x(f) \geq 0$, so gilt $f \in \overline{k}[C]_x$ und damit ist $f(x) \in \overline{k}$ als Bild von f unter $\overline{k}[C]_x \twoheadrightarrow \overline{k}[C]_x/\mathfrak{m}_x \cong \overline{k}$ wohldefiniert. Wir nennen $f \in \overline{k}(C)$ eine *lokal Uniformisierende* für C bei x, falls $\mathrm{ord}_x(f) = 1$. In diesem Fall erzeugt f das maximale Ideal $\mathfrak{m}_x$.

Die folgende Aussage sollte als Analogon zur Tatsache in der Funktionentheorie verstanden werden, dass eine holomorphe Funktion auf einem kompakten Bereich wegen des Identitätssatzes nur endlich viele Nullstellen haben kann, und eine beschränkte holomorphe Funktion wegen des Satzes von Liouville konstant ist.

Proposition 2.5 *Sei* C *eine glatte Kurve und* $f \in \overline{k}[C]_x$ *mit* $f \neq 0$. *Dann ist die Anzahl der Punkte, bei denen* f *eine Nullstelle oder Polstelle hat, endlich. Hat* f *keine Polstellen, so gilt* $f \in \overline{k} \subseteq \overline{k}[C]_x$.

Beweis Wir verweisen auf [Har77, I.3.4a, I.6.5, II.6.1]. □

Beispiel 2.15 Sei $C = \overline{\mathrm{V}}(Y^2 - X^3 - X)(\mathbb{C}) \subseteq \mathbb{P}^2_{\mathbb{R}}(\mathbb{C})$ der projektive Abschluss der affinen Varietät $\mathrm{V}(Y^2 - X^3 - X)(\mathbb{C})$. Wir bemerken, dass C gemäß Beispiel 2.6 eine glatte Kurve ist und wie in Beispiel 2.9 genau einen Punkt $[0 : 1 : 0]$ bei unendlich hat. Die $\mathbb{R}$-wertigen Punkte von C sind ebenso in Beispiel 2.6 dargestellt.

Sei $x = [0 : 0 : 1] \in C$. Dann gilt $\mathfrak{m}_x = \langle X, Y \rangle$, $\mathfrak{m}_x^2 = \langle X^2, X \cdot Y, Y^2 \rangle$ und $\mathfrak{m}_x^3 = \langle X^3, X^2 \cdot Y, X \cdot Y^2, Y^3 \rangle \subseteq \mathbb{R}[X]_x$.

Für die Funktion $X \in \mathbb{C}[X]$ gilt $X = Y^2 - X^3$ in $\mathbb{C}[C]$ (d. h. modulo $\mathrm{I}(C)$) und weiter $Y^2 - X^3 = 0$ in $\mathbb{C}[C]/\mathfrak{m}_x^2$, also $X = 0$ in $\mathbb{C}[C]/\mathfrak{m}_x^2$. Damit folgt $X \in \mathfrak{m}_x^2$ und $X \notin \mathfrak{m}_x^3$ wegen $Y^2 \notin \mathfrak{m}_x^3$ und weil keine weitere Relation zu beachten ist.

Für die Funktion $Y \in \mathbb{C}[C]$ gibt es keine Relationen, die von der C definierenden Gleichung $Y^2 = X^3 + X$ kommen, und somit folgt $Y \in \mathfrak{m}_x \setminus \mathfrak{m}_x^2$.

Insgesamt gilt also $\mathrm{ord}_x(X) = 2$ und $\mathrm{ord}_x(Y) = 1$. Damit ist Y eine lokal Uniformisierende für C bei x.

Die Tatsache, dass wir hier einfach mit der affinen Relation $Y^2 = X^3 + X$ rechnen können, rührt daher, dass der Betrachtungspunkt x im Bild der Einbettung $(x, y) \mapsto [x : y : 1]$ der affinen Ebene in die projektive Ebene liegt, bezüglich der wir den projektiven Abschluss bestimmt haben. Anders ist das beim Punkt bei unendlich:

Beispiel 2.16 Wir betrachten dieselbe glatte Kurve $C = \overline{\mathbb{V}}(Y^2 - X^3 - X)(\mathbb{C}) \subseteq \mathbb{P}^2_{\mathbb{R}}(\mathbb{C})$, allerdings nun im Punkt $x = [0 : 1 : 0]$ *bei unendlich.*

Wegen $Z = 0$ müssen wir hier mit der Karte $Y \neq 0$, die in 2.11 auch mit U_1 bezeichnet wurde, arbeiten. Also dehomogenisieren wir $Y^2Z - X^3 - XZ^2$ bezüglich Y, um via $U = X/Y$ und $W = Z/Y$ die affine Gleichung $W - U^3 - UW^2$ zu erhalten. Wie zuvor gilt $\mathfrak{m}_x = \langle U, W\rangle$, $\mathfrak{m}_x^2 = \langle U^2, U \cdot W, W^2\rangle$, $\mathfrak{m}_x^3 = \langle U^3, U^2 \cdot W, U \cdot W^2, W^3\rangle \subseteq \mathbb{C}[X]_x$.

Für die Funktion $W \in \mathbb{C}[C]$ gilt $W = U^3 + UW^2$ in $\mathbb{C}[C]$ und weiter $U^3 + UW^2 = 0$ in $\mathbb{C}[C]/\mathfrak{m}_x^3$, also $W = 0$ in $\mathbb{C}[C]/\mathfrak{m}_x^2$. Damit folgt $W \in \mathfrak{m}_x^3$ und $W \notin \mathfrak{m}_x^4$ wegen $U^3 \notin \mathfrak{m}_x^4$ und weil keine weitere Relation zu beachten ist.

Für die Funktion $U \in \mathbb{C}[C]$ gibt es keine Relationen, die von der C definierenden Gleichung $W = U^3 + UW^2$ herrühren, und somit folgt $U \in \mathfrak{m}_x \setminus \mathfrak{m}_x^2$.

Insgesamt gilt also $\mathrm{ord}_x(U) = 1$ und $\mathrm{ord}_x(W) = 3$. Damit ist U eine lokal Uniformisierende für C bei x. Wir möchten nun die Variablen U und W in die Variablen X, Y, Z rücktransformieren, indem wir die Formeln $U = X/Y$ und $W = Z/Y$ verwenden. In der zu $(X, Y) \mapsto (X, Y, 1)$ korrespondierenden affinen Koordinatenumgebung gilt $Z = 1$ und somit $X = U/W$ und $Y = 1/W$, also $\mathrm{ord}_x(X) = \mathrm{ord}_x(U) - \mathrm{ord}_x(W) = 1 - 3$ und $\mathrm{ord}_x(Y) = \mathrm{ord}_x(1) - \mathrm{ord}_x(W) = 0 - 3 = -3$.

Damit hat X bei $x = [0 : 1 : 0]$ einen Pol der Ordnung 2 und Y bei $x = [0 : 1 : 0]$ einen Pol der Ordnung 3.

Rationale Abbildungen und Morphismen zwischen Kurven sind besonders rigide:

Proposition 2.6 *Seien C_1 und C_2 Kurven und sei $\phi : C_1 \to C_2$ eine rationale Abbildung. Dann ist ϕ an jedem glatten Punkt von C_1 definiert; insbesondere ist ϕ automatisch ein Morphismus, wenn C_1 glatt ist.*

Ist $\phi : C_1 \to C_2$ ein Morphismus, so ist ϕ entweder konstant oder surjektiv. Im letzteren Fall sind außerdem alle Fasern $\phi^{-1}(y)$ für $y \in C_2$ endlich.

Beweis Wir verweisen auf [Sil86, Prop II.2.1] und [Eis95, II.6.8]. □

Die Kardinalität der Fasern lässt sich mithilfe der von ϕ auf Funktionenräumen induzierten Abbildung beschreiben:

Proposition 2.7 *Sei $\phi : C_1(k) \to C_2(k)$ eine nicht-konstante, über k definierte rationale Abbildung von über k definierten Kurven C_1 und C_2. Dann induziert ϕ einen Monomorphismus zwischen den Funktionenräumen*

$$\phi^* : k(C_2) \to k(C_1), \quad \phi^* f = f \circ \phi,$$

sodass $k(C_1)/\phi^*(k(C_2))$ eine endliche Körpererweiterung ist. Wir identifizieren $k(C_2)$ mit seinem Bild unter ϕ^* und schreiben für diese auch einfach $k(C_1)/k(C_2)$.

Ist umgekehrt $i : k(C_2) \to k(C_1)$ eine Körperinjektion, die k fixiert, so existiert eine eindeutige, nicht-konstante, über k definierte rationale Abbildung $\phi : C_1 \to C_2$ mit $\phi^* = i$. Ist i ein Körperisomorphismus, so ist ϕ insbesondere eine birationale Äquivalenz.

Beweis Wir verweisen auf [Sil86, Theorem II.2.4]. □

Wir schreiben auch $\deg(\phi)$ für den Grad dieser Körpererweiterung.

Proposition 2.8 *Ist $\phi : C_1 \to C_2$ eine nicht-konstante Abbildung zwischen glatten Kurven, so gilt für alle $y \in C_2$ die Relation*

$$\deg(\phi) = \sum_{x \in \phi^{-1}(y)} \operatorname{ord}_x(\phi^* t_y),$$

wobei $t_y \in k(C_2)$ eine lokal Uniformisierende für C_2 bei y sei.

Beweis Wir verweisen auf [Sil86, Prop. II.2.6]. □

Jeder Funktion $f \in \overline{k}(C)$ kann ein sogenannter *Divisor* zugeordnet werden:

Definition 2.23 Sei C eine Kurve. Dann ist die *Gruppe der Divisoren auf C* die freie abelsche Gruppe $\operatorname{Div}(C)$, die von allen Punkten $x \in C$ erzeugt wird, d. h.

$\mathrm{Div}(C) = \bigoplus_{x \in C} \mathbb{Z}$. Wir schreiben für die Elemente von $\mathrm{Div}(C)$

$$D = \sum_{x \in C} n_x[x] \in \mathrm{Div}(C)$$

mit $n_x \in \mathbb{Z}$ und $n_x = 0$ für fast alle $x \in C$ und definieren den Grad von D als $\deg(D) = \sum_{x \in C} n_x$, was als endliche Summe wohldefiniert ist.

Die Untergruppe $\mathrm{Div}^0(C) \subseteq \mathrm{Div}(C)$ der *Divisoren von Grad* 0 ist als Kern des so definierten Gruppenmorphismus $\deg : \mathrm{Div}(C) \to \mathbb{Z}$ definiert.

Ist C über k definiert, so wirkt die Galoisgruppe Gal_k sowohl auf $\mathrm{Div}(C)$ als auch auf $\mathrm{Div}^0(C)$ linear und wir sagen, dass $D \in \mathrm{Div}(C)$ *über k definiert* sei, falls $D = \sigma(D)$ für alle $\sigma \in \mathrm{Gal}_k$. Wir schreiben $\mathrm{Div}_k(C)$ (bzw. $\mathrm{Div}_k^0(C)$) für die über k definierten Divisoren (von Grad 0).

Damit $D = \sum_x n_x[x]$ über k definiert ist, muss nicht jedes $x \in C$ mit $n_x \neq 0$ ein k-wertiger Punkt sein: Etwa ist $[i : 1] + [-i : 1] \in \mathrm{Div}_{\mathbb{R}}(\mathbb{P}^1_{\mathbb{R}}(\mathbb{C}))$. Außerdem sind die Linearkombinationen in $\mathrm{Div}(C)$ formal, also ist bspw. $[i : 1] + [-i : 1] \neq [0 : 1]$.

Definition 2.24 Ist C eine glatte Kurve und $f \in \overline{k}(C)^\times$, so können wir f den Divisor $\mathrm{div}(f) := \sum_{x \in C} \mathrm{ord}_x(f)[x]$ zuordnen.

Wir nennen einen Divisor $D \in \mathrm{Div}(C)$ einen *Hauptdivisor*, falls ein $f \in \overline{k}(C)^\times$ mit $D = \mathrm{div}(f)$ existiert.

Es gilt $\mathrm{div}(fg) = \mathrm{div}(f) + \mathrm{div}(g)$, da jedes ord_x eine diskrete Bewertung ist. Mithin definiert $\mathrm{div} : \overline{k}(C)^\times \to \mathrm{Div}(C)$ einen Gruppenhomomorphismus, dessen Bild wir mit $\mathrm{PDiv}(C)$ bezeichnen.

Lemma 2.2 *Für alle $f \in \overline{k}(C)^\times$ gilt $\deg(\mathrm{div}(f)) = 0$, also $\mathrm{PDiv}(C) \subseteq \mathrm{Div}^0(C)$.*

Außerdem gilt für alle $\sigma \in \mathrm{Gal}_k$ die Relation $\sigma(\mathrm{div}(f)) = \mathrm{div}(\sigma(f))$, d. h. $\mathrm{div}(f) \in \mathrm{Div}_k^0(C)$ gilt genau dann, wenn $f \in k(C)^\times$.

Definition 2.25 Sei C eine glatte Kurve. Die Quotientengruppe $\mathrm{Div}(C)/\mathrm{PDiv}(C)$ heißt *Divisorenklassengruppe* oder *Picardgruppe* (nach ÉMILE PICARD) und wird mit $\mathrm{Pic}(C)$ bezeichnet. Zwei Divisoren $D_1, D_2 \in \mathrm{Div}(C)$ heißen *linear äquivalent*, falls $D_1 - D_2 \in \mathrm{PDiv}(C)$, d. h. sie dieselbe Klasse in der Picardgruppe definieren.

Außerdem definieren wir die *Grad-0-Picardgruppe* als $\mathrm{Pic}^0(C) := \mathrm{Div}^0(C)/\mathrm{PDiv(C)}$ und die k-wertigen Pendants von beiden Gruppen $\mathrm{Pic}_k(C)$ und $\mathrm{Pic}_k^0(C)$ als Invarianten unter der Galoisaktion auf $\mathrm{Pic}(C)$ bzw. $\mathrm{Pic}^0(C)$.

Anmerkung 2.18 $\mathrm{Pic}_k(C)$ ist allgemein nicht zu $\mathrm{Div}_k(C)/\mathrm{div}(k(C)^\times)$ isomorph.

Wir setzen das Beispiel 2.15 fort:

Beispiel 2.17 Sei $C = \overline{\mathbb{V}}(Y^2 - X^3 - X)(\mathbb{C})$ und betrachte die Funktionen $f = X \in k(C)^\times$ und $g = Y \in k(C)^\times$ wie zuvor.

Zunächst gilt $\mathrm{div}(X) = 2[0:0:1] - 2[0:1:0]$: Wir haben bereits gezeigt, dass X bei $[0:0:1]$ eine doppelte Nullstelle und bei $[0:1:0]$ eine doppelte Polstelle hat. Nun ist nach Definition klar, dass X an allen anderen Punkten definiert ist, also keine Polstelle haben kann; gleichzeitig muss $\deg(\mathrm{div}(f)) = 0$ gelten. Damit kann X auch keine anderen Nullstellen haben.

Wir behaupten, dass $\mathrm{div}(Y) = [0:0:1] + [i:0:1] + [-i:0:1] - 3[0:1:0]$: Wir haben bereits gesehen, dass Y bei $[0:0:1]$ eine einfache Nullstelle und bei $[0:1:0]$ eine dreifache Polstelle hat. Nach derselben Argumentation müssen wir zwei weitere Nullstellen von Y finden. Allerdings gilt $Y^2 = X^3 + X = X(X+i)(X-i)$ in $\mathbb{C}[C]$ und somit sind $[i:0:1]$ und $[-i:0:1]$ Punkte auf C mit $Y = 0$.

Es ist möglich, dieses Beispiel weitreichend zu verallgemeinern:

Beispiel 2.18 Sei $C = \overline{\mathbb{V}}(Y^2 - (X - a_1)(X - a_2)(X - a_3))(\overline{k})$ für irgendeinen Körper k mit $\mathrm{char}(k) \neq 2$. Dann lässt sich schnell nachweisen, dass die Kurve C genau dann glatt ist, wenn $a_1, a_2, a_3 \in \overline{k}$ paarweise verschieden sind.

Mit völlig analogen Argumenten wie in den vorgehenden Beispielen zeigt man nun $\mathrm{div}(X - a_i) = 2[a_i:0:1] - 2[0:1:0]$ für $i = 1, 2, 3$ und $\mathrm{div}(Y) = [a_1:0:1] + [a_2:0:1] + [a_3:0:1] - 3[0:1:0]$.

Auch sogenannten Differentialformen kann man Divisoren zuordnen:

Definition 2.26 Sei C eine Kurve. Dann ist der *Raum (meromorpher) Differentialformen* Ω_C auf C der $\overline{k}(C)$-Vektorraum, der von den Symbolen $\mathrm{d}f$ mit $f \in \overline{k}(C)$ mit den Relationen

1. $\mathrm{d}(f+g) = \mathrm{d}f + \mathrm{d}g$ für alle $f, g \in \overline{k}(C)$,
2. $\mathrm{d}(fg) = f \cdot \mathrm{d}g + g \cdot \mathrm{d}f$ für alle $f, g \in \overline{k}(C)$,
3. $\mathrm{d}a = 0$ für alle $a \in \overline{k}$.

erzeugt wird.

Proposition 2.9 *Sei C eine Kurve. Dann ist Ω_C ein 1-dimensionaler $\overline{k}(C)$-Vektorraum, und wenn $t \in \overline{k}(C)$ lokal uniformisierend in $x \in C$ ist, dann ist $\{\mathrm{d}t\}$ eine Basis dieses Vektorraums.*

Insbesondere existiert für jedes $\omega \in \Omega_C$ eine eindeutige Funktion $f \in \overline{k}(C)$ mit $\omega = f\,\mathrm{d}t$, die wir mit $\omega/\mathrm{d}t$ bezeichnen.

Diese Erkenntnis lässt sich nun verwenden, um Differentialformen Divisoren zuzuordnen:

Lemma 2.3 *Ist $\omega \in \Omega_C$ mit $\omega \neq 0$ und $t \in \overline{k}(C)$ lokal uniformisierend für C in x, so hängt $\operatorname{ord}_x(\omega) := \operatorname{ord}_x(\omega/\mathrm{d}t)$ allein von ω und x ab, nicht aber von der Wahl der lokal uniformisierenden Funktion t.*

Außerdem gilt mit dieser Definition $\operatorname{ord}_x(\omega) = 0$ für fast alle $x \in C$.

Definition 2.27 Sei $\omega \in \Omega_C$. Dann ist der Divisor von ω das Element

$$\operatorname{div}(\omega) := \sum_{x \in C} \operatorname{ord}_x(\omega)[x] \in \operatorname{Div}(C),$$

und wir nennen $\omega \in \Omega_C$ *holomorph,* falls $\operatorname{div}(\omega) \geq 0$, d. h. $\operatorname{ord}_x(\omega) \geq 0$ für alle $x \in C$, und *nicht-verschwindend,* falls $\operatorname{div}(\omega) \leq 0$, d. h. $\operatorname{ord}_x(\omega) \leq 0$ für alle $x \in C$.

Wegen der 1-Dimensionalität von Ω_C existiert zu $\omega_1, \omega_2 \in \Omega_C$ stets ein $f \in \overline{k}(C)$ mit $\omega_1 = f \cdot \omega_2$, d. h. $\operatorname{div}(\omega_1) - \operatorname{div}(\omega_2) = \operatorname{div}(f) \in \operatorname{PDiv}(C)$. Damit definiert jede Differentialform in Ω_C dieselbe Picardklasse:

Definition 2.28 Wir nennen die Klasse von $\operatorname{div}(\omega)$ in $\operatorname{Pic}(C)$ für irgendein $\omega \in \Omega_C \setminus \{0\}$ die *kanonische Divisorklasse auf C* und jeden Divisor in dieser Klasse *kanonischen Divisor.*

Beispiel 2.19 Sei k irgendein Körper und $C = \mathbb{P}^1_k(\overline{k})$. Sei $X \in \overline{k}(C)$ die Koordinatenfunktion. Wir behaupten, dass $\operatorname{div}(\mathrm{d}X) = -2[0:1]$:

Betrachte dazu zunächst den Punkt $x = [1 : a]$ zu $a \in \overline{k}$. An diesem Punkt uniformisiert $X - a$ lokal, sodass mit $\mathrm{d}a = 0$ bereits $\operatorname{ord}_x(\mathrm{d}X) = \operatorname{ord}_x(\mathrm{d}(X-a)) = 1$ folgt. Betrachte nun den Punkt $x = [0 : 1] \in \mathbb{P}^1_k(\overline{k})$: An diesem Punkt uniformisiert $1/X \in \overline{k}(X)$ lokal, sodass $\operatorname{ord}_x(\mathrm{d}X) = \operatorname{ord}_x(-X^2\mathrm{d}(1/X)) = -2$ folgt.

Insgesamt ist also $\mathrm{d}X$ zwar nicht-verschwindend, aber nicht holomorph. Weil für jede andere Differentialform $\omega \in \Omega_C$ aber mit $\omega = f \cdot \mathrm{d}X$ für ein $f \in \overline{k}(C)$ auch

$$\deg(\mathrm{div}(\omega)) = \deg(\mathrm{div}(\mathrm{d}X)) + \deg(\mathrm{div}(f)) = -2 + 0 = -2$$

gilt, kann auch ω nicht holomorph sein.

Beispiel 2.20 Betrachte die glatte Kurve $C = \overline{\mathrm{V}}(Y^2-(X-a_1)(X-a_2)(X-a_3))(\overline{k})$ für einen Körper k mit $\mathrm{char}(k) \neq 2$ und a_1, a_2, a_3 paarweise verschieden. Betrachte auf C das Differential $\mathrm{d}X$ der Koordinatenfunktion X. Dann gilt $\mathrm{div}(\mathrm{d}X) = [a_1 : 0 : 1] + [a_2 : 0 : 1] + [a_3 : 0 : 1] - 3[0 : 1 : 0]$:

Zunächst ist Y bei $[a_i : 0 : 1]$ wie in Beispiel 2.15 lokal uniformisierend, d. h. es gilt $\mathrm{d}X$ als Vielfaches des Basisvektors $\mathrm{d}Y$ auszudrücken. Weil $Y^2 = (X - a_1)(X-a_2)(X-a_3)$ in $\overline{k}(C)$ folgt nach Anwendung von d und den Ω_C definierenden Relationen auf beiden Seiten die Identität

$$2Y \cdot \mathrm{d}Y = [(X - a_2)(X - a_3) + (X - a_1)(X - a_3) + (X - a_2)(X - a_3)]\, \mathrm{d}X.$$

An den Punkten $[a_i : 0 : 1]$ ist der Faktor vor $\mathrm{d}X$ eine Einheit, weil die a_i paarweise verschieden vorausgesetzt sind, und der Faktor vor $\mathrm{d}Y$ hat eine einfache Nullstelle.

Nun gilt es, den lokalen Uniformisierer von C beim Punkt $[0 : 1 : 0]$ zu bestimmen. Dafür müssen wir erneut einen Kartenwechsel in die affine Umgebung dieses Punktes vornehmen, d. h. mit $U = X/Y$ und $W = Z/Y$ die affine Gleichung $W = (U - a_1 W)(U - a_2 W)(U - a_3 W)$ betrachten. Wie in diesem Beispiel lässt sich U als lokal Uniformisierende in $[0 : 1 : 0]$ identifizieren und $\mathrm{ord}_{[0:1:0]}(W) = 3$ nachweisen.

Wie erläutert gilt auf dem Durchschnitt der beiden affinen Umgebungen $Z = 1$ und somit $W = 1/Y$. Damit ist wie zuvor $X = U/W$, also

$$\mathrm{d}X = \mathrm{d}\left(\frac{U}{W}\right) = \frac{W\,\mathrm{d}U - U\,\mathrm{d}W}{W^2}.$$

Der Nenner hat die Ordnung $\mathrm{ord}_{[0:1:0]}(W^2) = 2 \cdot \mathrm{ord}_{[0:1:0]}(W) = 6$ in $[0 : 1 : 0]$, und es gilt, die Ordnung in $[0 : 1 : 0]$ des Zählers zu bestimmen. Dafür schreiben wir die Funktion W in der Variable U wie folgt: Es gilt

$$W = U^3 + r_1 U^2 W + r_2 U W^2 + r_3 W^3$$

in $\overline{k}[C]$ für irgendwelche $r_i \in \overline{k}$, also $\mathrm{d}W \equiv 3U^2 \mathrm{d}U$ modulo $\mathfrak{m}_{[0:1:0]}^3 \Omega_C$, denn alle Terme außer U^3 auf der rechten Seite der Gleichung liegen mindestens in $\mathfrak{m}_{[0:1:0]}^5$ wegen $W \in \mathfrak{m}_{[0:1:0]}^3$.

Außerdem existiert eine Einheit $\lambda \in \overline{k}[C]^\times$ mit $\lambda U^3 = W$, da U das Ideal $\mathfrak{m}_{[0:1:0]}$ erzeugt, die wegen $U^3 \equiv W$ ebenso $\lambda \equiv 1$ modulo $\mathfrak{m}_{[0:1:0]}^3$ erfüllt. Damit folgt

$$W\,\mathrm{d}U - U\,\mathrm{d}W \equiv U^3\,\mathrm{d}U - U\,(3U^2)\,\mathrm{d}U = -2U^3\,\mathrm{d}U \quad (\mathrm{mod}\ \mathfrak{m}_{[0:1:0]}^3 \Omega_C).$$

Schließlich folgt $\mathrm{ord}_{[0:1:0]}(\mathrm{d}X) = 3 - 6 = -3$, wie gewünscht. Aus der Berechnung von $\mathrm{div}(\mathrm{d}X)$ und Beispiel 2.18 folgt weiter $\mathrm{div}(\mathrm{d}X) = \mathrm{div}(Y)$ und damit $\mathrm{div}(\mathrm{d}X/Y) = 0$. Insgesamt ist also $\mathrm{d}X/Y$ eine holomorphe, nicht-verschwindende Differentialform auf C.

Jeder Divisor beschreibt einen Funktionenraum von solchen Funktionen in $\overline{k}(C)$, die vorgeschriebene Pol- und Nullstellen mit vorgeschriebenen Pol- und Nullstellenordnungen haben:

Definition 2.29 Sei C eine glatte Kurve. Schreibe allgemein $D \geq 0$ für $D = \sum_{x \in C} n_x[x] \in \mathrm{Div}(C)$, falls $n_x \geq 0$ für alle $x \in C$. Dann heißt D auch *effektiver Divisor*. Setze ferner $D_1 \geq D_2$ genau dann, wenn $D_1 - D_2 \geq 0$.

Der *Funktionenraum zu D* ist der endlich-dimensionale $\overline{k}$-Vektorraum

$$L(D) = \{f \in \overline{k}(C)^\times : \mathrm{div}(f) \geq -D\} \cup \{0\}.$$

Wir schreiben $\ell(D)$ für seine Dimension.

Für den Nachweis der Endlich-Dimensionalität von $L(D)$ verweisen wir auf [Eis95, II.5.19].

Anmerkung 2.19 Wegen $\deg(\mathrm{div}(f)) = 0$ folgt aus $L(D) \neq \{0\}$ sofort $\deg(D) \geq 0$. Außerdem hängt $L(D)$ bis auf Isomorphie nur von der Picardklasse von D ab, denn für $D, D' \in \mathrm{Div}(C)$ mit $D - D' = \mathrm{div}(g)$ definiert die Vorschrift $f \mapsto g \cdot f$ einen Isomorphismus $L(D) \to L(D')$.

Sind sowohl C als auch D über k definiert, so auch der Funktionenraum $L(D)$:

Lemma 2.4 *Sei C eine über k definierte glatte Kurve und $D \in \mathrm{Div}_k(C)$. Dann hat $L(D)$ eine Basis, welche aus Funktionen in $k(C)$ besteht, d. h. es existiert ein $k(C)$-Vektorraum $L(D)_k$ mit $L(D) = L(D)_k \otimes_k \overline{k}$.*

Ein besonders interessanter Funktionenraum ist der Funktionenraum des kanonischen Divisors:

Beispiel 2.21 Ist $K_C = \mathrm{div}(\omega)$ für ein $\omega \in \Omega_C \setminus \{0\}$ der kanonische Divisor, so ist $L(K_C) = \{f \in \overline{k}(C)^\times : \mathrm{div}(f) \geq -\mathrm{div}(\omega)\} \cup \{0\}$. Allerdings gilt $\mathrm{div}(f) \geq -\mathrm{div}(\omega)$ genau dann, wenn $f \cdot \omega$ einen effektiven Divisor definiert, also eine holomorphe Differentialform ist.

Da jede Differentialform in $\Omega_C \setminus \{0\}$ der Form $f \cdot \omega$ für ein geeignetes $f \in \overline{k}(C)^\times$ ist, folgt $L(K_C) = \{\omega \in \Omega_C : \omega \text{ holomorph}\}$, der Raum der holomorphen Differentialformen.

Die Dimension dieses Raumes holomorpher Differentialformen spielt eine entscheidende Rolle in der algebraischen Geometrie:

Definition 2.30 Wir nennen $\ell(K_C) = \dim_{\overline{k}}(L(K_C))$ das *Geschlecht* der Kurve C. Wir schreiben für das Geschlecht auch $g_C := \ell(K_C)$.

Beispiel 2.22 Aus den Beispielen 2.19 und 2.20 folgt sofort $g_{\mathbb{P}^1_k(\overline{k})} = 0$ und $g_C = 1$ wegen $K_C = 0$ für die glatte Kurve $C = \overline{\mathrm{V}}(Y^2 - (X-a_1)(X-a_2)(X-a_3))(\overline{k})$ (und jeden Körper k mit $\mathrm{char}(k) \neq 2$ und alle $a_1, a_2, a_3 \in \overline{k}$ paarweise verschieden).

Endlich können wir nun den zentralen Satz dieses Abschnittes formulieren, der von fundamentaler Relevanz in der algebraischen Geometrie ist:

Theorem 2.2 (Satz von Riemann–Roch) *Sei C eine glatte Kurve und K_C ein kanonischer Divisor auf C. Dann gilt für $D \in \mathrm{Div}(C)$ die Gleichheit*

$$\ell(D) - \ell(K_C - D) = \deg(D) - g_C + 1.$$

Beweis Wir verweisen auf [Eis95, IV §1]. □

Korollar 2.1 *Es gilt* $\deg(K_C) = 2g - 2$ *und für* $D \in \mathrm{Div}(C)$ *mit* $\deg(D) > 2g - 2$ *gilt* $\ell(D) = \deg(D) - g + 1$.

Beweis Für die erste Aussage wenden wir den Satz von Riemann–Roch auf $D = K_C$ an. Für die zweite Aussage verwenden wir die erste Aussage, welche unter der Annahme an $\deg(D)$ weiter $\deg(K_C - D) < 0$ liefert, d. h. $\ell(K_C - D) = 0$, vgl. Anmerkung 2.19. □

Das Korollar liefert zusammen mit Beispiel 2.22 sofort für $C = \mathbb{P}^1_k(\overline{k})$ die Aussage $\ell(D) = \deg(D) + 1$, falls $\deg(D) \geq -1$. Die Basiselemente in $L(D)$ lassen sich in diesem Fall leicht explizit konstruieren. Interessanter ist die Aussage vom Satz von Riemann–Roch für unser Lieblingsbeispiel der glatten Kurve C:

Beispiel 2.23 Sei C wie in Beispiel 2.22. Dann liefert der Satz von Riemann–Roch sofort für $\deg(D) \geq 1$ die Gleichheit $\ell(D) = \deg(D)$. Diese Aussage hat weitreichende Konsequenzen:

Beispielsweise gilt für $x \in C$ daher $\ell([x]) = 1$, also $L([x]) = \overline{k}$. Also existiert keine Funktion auf C, die genau eine einfache Polstelle hat.

Sei etwa $x = [0 : 1 : 0]$. Dann gilt $\ell([x]) = 1$, und $\ell(2[x]) = 2$. Wir haben bereits gesehen, dass $X \in L(2[x])$ und offensichtlich ist X nicht konstant, also ist $\{1, X\}$ eine Basis von $L(2[x])$. Mit derselben Argumentation ist $\{1, X, Y\}$ eine Basis von $L(3[x])$, $\{1, X, Y, X^2\}$ eine Basis von $L(4[x])$ und $\{1, X, Y, X^2, XY\}$ eine Basis von $L(5[x])$. In dem 6-dimensionalen Vektorraum $L(6[x])$ finden wir die 7 Funktionen

$$1, X, Y, X^2, XY, X^3, Y^2,$$

zwischen denen also eine nicht-triviale Relation vorliegen muss. Diese Relation ist offenkundig durch die C definierende Gleichung $Y^2 = (X - a_1)(X - a_2)(X - a_3)$ gegeben; wir haben sie allerdings nur mit dem abstrakten Verhalten der Funktionen X und Y und dem Satz von Riemann–Roch *wiederentdeckt*.

diesem Fall leicht explizit konstruieren. Interessanter ist die Aussage vom Satz von Riemann-Roch für unser Lieblingsbeispiel der glatten Kurve C:

Beispiel 2.23. Sei C wie in Beispiel 2.22. Dann liefert der Satz von Riemann-Roch sofort für $\deg(D) \geq 1$ die Gleichheit $\ell(D) = \deg(D)$. Diese Aussage hat weitreichende Konsequenzen.

Beispielsweise gilt für $x \in C$ daher $\ell([x]) = 1$, also $\mathcal{L}([x]) = k$. Also existiert keine Funktion auf C, die genau eine einfache Polstelle hat.

Sei etwa $\infty := [0 : 1 : 0]$. Dann gilt $\ell([\infty]) = 1$ und $\ell(2[\infty]) = 2$. Wir haben bereits gesehen, dass $X \in \mathcal{L}(2[\infty])$ und offensichtlich ist X nicht konstant, also ist $\{1, X\}$ eine Basis von $\mathcal{L}(2[\infty])$. Mit derselben Argumentation ist $\{1, X, Y\}$ eine Basis von $\mathcal{L}(3[\infty])$, $\{1, X, Y, X^2\}$ eine Basis von $\mathcal{L}(4[\infty])$ und $\{1, X, Y, X^2, XY\}$ eine Basis von $\mathcal{L}(5[\infty])$. In dem 6-dimensionalen Vektorraum $\mathcal{L}(6[\infty])$ finden wir die 7 Funktionen

$$1, X, Y, X^2, XY, X^3, Y^2,$$

zwischen denen also eine nicht-triviale Relation vorliegen muss. Diese Relation ist offensichtlich durch die C definierende Gleichung $Y^2 = (X - a_1)(X - a_2)(X - a_3)$ gegeben; wir haben sie allerdings nur mit dem abstrakten Verhalten der Funktionen X und Y und dem Satz von Riemann-Roch quasi erraten.

Elliptische Kurven

3

In diesem Kapitel bezeichnen wir mit k erneut einen beliebigen vollkommenen Körper, mit $\overline{k}$ einen beliebigen, aber festen algebraischen Abschluss von k und mit Gal_k die Gruppe von Galois-Automorphismen $\mathrm{Gal}(\overline{k}/k) = \mathrm{Aut}_k(\overline{k})$ von k.

Nun widmen wir uns dem Hauptobjekt dieses Buches: den elliptischen Kurven. Während diese häufig als Lösungskurven gewisser polynomieller Gleichungen, sogenannter *Weierstraß-Gleichungen,* definiert werden, möchten wir einen anderen Zugang wählen: Schließlich ist es zunächst völlig unklar, warum genau diese Weierstraß-Gleichungen interessante geometrische Objekte liefern sollten. Mit der hier gewählten, geometrischen Definition können wir dieser Frage vorweggreifen:

Definition 3.1 Eine *elliptische Kurve E* über k ist eine glatte projektive Kurve E von Geschlecht 1, die über k definiert ist, zusammen mit einem ausgezeichneten Punkt $O \in E(k)$.

Wenngleich diese sehr knappe Definition eine gewisse mathematische Ästhetik mit sich bringt, ist sie nicht sehr explizit: A priori ist völlig unklar, welche homogenen Polynome im Sinne von Kap. 2 solche Kurven definieren und wie man sich die Geometrie ihrer k'-rationalen Punkte für Körpererweiterungen k'/k vorstellen kann. Immerhin haben wir bereits ein Beispiel gesehen:

Beispiel 3.1 Ist k ein Körper mit $\mathrm{char}(k) \neq 2$, so ist $C = \overline{\mathbb{V}}(Y^2 - (X - a_1)(X - a_2)(X - a_3))(\overline{k})$ für alle paarweise verschiedenen $a_1, a_2, a_3 \in \overline{k}$ eine elliptische Kurve über $\overline{k}$ mit ausgezeichnetem Punkt $[0 : 1 : 0] \in C$.

C. Kaul, *Elliptische Kurven: Eine erste Einführung*, essentials,
https://doi.org/10.1007/978-3-662-73120-8_3

C ist genau dann eine elliptische Kurve über k, d. h. über k definiert (in welchem Fall automatisch $[0 : 1 : 0] \in C(k)$), wenn die Menge $\{a_1, a_2, a_3\}$ invariant unter der Wirkung von Gal_k ist, d. h. $Y^2 - (X - a_1)(X - a_2)(X - a_3) \in k[X, Y]$.

In diesem Kapitel möchten wir zunächst beweisen, dass jede elliptische Kurve durch eine Weierstraß-Gleichung definiert werden kann und die Frage der Eindeutigkeit dieser Gleichungen diskutieren. Anschließend soll dargestellt werden, wie für beliebiges k'/k auf der Menge k'-rationaler Punkte $E(k')$ die Struktur einer kommutativen Gruppe erklärt werden kann, sodass der ausgezeichnete Punkt O zum Neutralelement dieser Gruppe wird. Für $k = \mathbb{R}$ zeigen wir, dass sich diese Gruppenstruktur mit einer Sehnen-Tangenten-Konstruktion identifizieren lässt.

Anschließend möchten wir in das etwas genauere Studium der soeben definierten Objekte einführen, indem wir die rigide Struktur von Morphismen zwischen elliptischen Kurven aufzeigen und das Konzept einer Isogenie und der dualen Isogenie einführen.

3.1 Weierstraß-Gleichungen

Wir beginnen mit einer präzisen Definition, welche Art von Gleichungen wir Weierstraß-Gleichungen nennen wollen.

Definition 3.2 Eine *(affine) Weierstraß-Gleichung über k* ist eine Gleichung der Form

$$f(X, Y) = (Y^2 + a_1XY + a_3Y) - (X^3 + a_2X^2 + a_4X + a_6) = 0 \qquad (3.1)$$

mit $a_1, \ldots, a_6 \in k$, wobei wir (X, Y) als abstrakte Koordinaten sehen.

Eine *projektive Weierstraß-Gleichung über k* ist die Projektivierung einer affinen Weierstraß-Gleichung, d. h. eine Gleichung der Form

$$F([X : Y : Z]) = (Y^2Z + a_1XYZ + a_3YZ^2) - (X^3 + a_2X^2Z + a_4XZ^2 + a_6Z^3) = 0$$

zu $a_1, \ldots, a_6 \in k$, wobei wir $[X : Y : Z]$ als (abstrakte) projektive Koordinaten sehen.

Anmerkung 3.1 Wir bemerken, dass aufgrund ihrer simpleren Form meist nur affine Weierstraß-Gleichungen verwendet werden: Schließlich sind beide

Gleichungsformen durch Homogenisierung und Dehomogenisierung (vgl. Beispiel 2.8) nach Z zueinander äquivalent.

Analog zu Beispiel 2.9 gilt auch hier: Für einen beliebigen Körper k hat $\overline{\mathrm{V}}(f)(\overline{k}) = \mathrm{V}(F)(\overline{k})$ genau einen Punkt bei unendlich, nämlich $[0 : 1 : 0]$, und es ergibt sich für die Verschwindungsmengen durch die Einbettung $\phi_2 : \mathbb{A}_k^2(\overline{k}) \hookrightarrow \mathbb{P}_k^2(\overline{k})$, $(x, y) \mapsto [x : y : 1]$ die Gleichheit

$$\mathrm{V}(F) = \mathrm{V}(f) \cup \{[0 : 1 : 0]\}. \tag{3.2}$$

Wir wollen nun mögliche Vereinfachungen der Weierstraß-Gleichung diskutieren und dabei ähnlich wie bei der Reduktion einer allgemeinen kubischen Gleichung $X^3+bX^2+cX+d = 0$ zu ihrer reduzierten Form mit $b = 0$ vorgehen. Oftmals müssen für derartigen Reduktionen von Gleichungen Substitutionen angewandt werden, die die Invertierbarkeit kleiner natürlicher Zahlen voraussetzen; so auch im Falle elliptischer Kurven.

Sei also zunächst $\mathrm{char}(k) \neq 2$, d. h. die 2 invertierbar in k. Dann ist die Substitution $Y \mapsto (Y - a_1X - a_3)/2$ wohldefiniert und kann auf die (affine) Weierstraß-Gleichung angewandt werden. Eine leichte Rechnung zeigt, dass sie die Gleichung

$$Y^2 = 4X^3 + b_2X^2 + 2b_4X + b_6 \tag{3.3}$$

liefert, wobei wir

$$b_2 = a_1^2 + 4a_2, \qquad b_4 = 2a_4 + a_1a_3 \qquad \text{und} \quad b_6 = a_3^2 + 4a_6$$

setzen.

Gilt zusätzlich $\mathrm{char}(k) \neq 3$, so sind sowohl $36 = 2^2 \cdot 3^2$ und $108 = 2^2 \cdot 3^3$ invertierbar und wir können mithilfe einer *Tschirnhaus-Transformation* die kubische Gleichung auf der rechten Seite von (3.3) zu einer reduzierten kubischen Gleichung machen: Wähle dafür die Substitution

$$(X, Y) \mapsto \left(\frac{X - 3b_2}{36}, \frac{Y}{108}\right),$$

welche Y lediglich skaliert, und definiere

$$c_4 = b_2^2 - 24b_4 \qquad \text{und} \qquad c_6 = -b_2^3 + 36b_2b_4 - 216b_6.$$

Dann lässt sich nachrechnen, dass die Gl. (3.3) zu

$$Y^2 = X^3 - 27c_4X - 56c_6$$

wird.

Definition 3.3 Sei $\mathrm{char}(k) \notin \{2, 3\}$. Dann nennen wir eine Gleichung der Form

$$f(X, Y) = Y^2 - (X^3 + aX + b) = 0$$

eine *reduzierte Weierstraß-Gleichung über* k.

Anmerkung 3.2 Obgleich für arithmetische Fragestellungen, an denen wir letztlich besonders interessiert sind, meist elliptische Kurven über *Zahlkörpern,* d. h. endlichen Erweiterungen von $\mathbb{Q}$, von Interesse sind, werden wir in einem weiteren essential-Band die sogenannte Reduktion modulo Primzahlen p einer elliptischen Kurve über $\mathbb{Q}$ definieren und studieren. Dafür müssen wir elliptische Kurven über dem endlichen Körper $\mathbb{F}_p$ verstehen. Das Reduzieren modulo p hat sich in der modernen Zahlentheorie als unentbehrliches Hilfsmittel für ein besseres Verständnis *globaler Objekte* wie elliptischer Kurven herausgestellt. Andrew Wiles etwa verwendet in seinem Beweis [Wil95] von Fermat's letzten Satz prominent die Reduktion einer elliptischen Kurve bei den Primzahlen $p = 3$ und $p = 5$.

Insgesamt sind also auch die nicht-reduzierten Formen der Weierstraß-Gleichung durchaus von Bedeutung. Trotzdem werden wir der Einfachheit halber für den Rest dieses Kapitels annehmen, dass $\mathrm{char}(k) \notin \{2, 3\}$ gilt: Alle getätigten Definitionen und Aussagen lässen sich mit etwas mehr Aufwand auch für ein beliebiges k beweisen, wofür wir auf [Sil86] verweisen.

Sei k ein Körper mit $\mathrm{char}(k) \notin \{2, 3\}$ und

$$W_{a,b} : Y^2 = X^3 + aX + b$$

eine reduzierte Weierstraß-Gleichung über k, der wir den Namen $W_{a,b}$ geben. Mit dieser Notation wollen wir wie auch schon zu Beginn von Abschnitt 2 hervorheben, dass wir $W_{a,b} := \mathrm{V}(Y^2 - X^3 - aX - b)$ als abstraktes Objekt verstehen, in welches beliebige algebraische Körpererweiterungen von k eingesetzt werden dürfen.

Definition 3.4 $\Delta(W_{a,b}) = -16(4a^3 + 27b^2)$ heißt *Diskriminante der Gleichung* $W_{a,b}$.

Ist $\Delta = \Delta(W_{a,b}) \neq 0$ in k, so nennen wir weiter $j(W_{a,b}) = -1728 \cdot (4a)^3/\Delta$ die *j-Invariante von* $W_{a,b}$.

Wir bemerken, dass $\Delta(W_{a,b}) = \operatorname{disc}(X^3 + aX + b)$ für die bekannte Diskriminante disc eines Polynoms gilt. Diese Aussage überlassen wir dem Leser als Aufgabe.

Proposition 3.1 *Sei* $\operatorname{char}(k) \notin \{2, 3\}$ *und* $E_{a,b} = \overline{W_{a,b}(\overline{k})}$ *der projektive Abschluss nach der Variablen Z von* $W_{a,b}(\overline{k})$. *Dann ist* $E_{a,b}$ *eine Kurve und genau dann glatt, wenn* $\Delta \neq 0$. *Andernfalls hat sie genau einen singulären Punkt.*

Beweis Zunächst zeigt eine einfache Rechnung in projektiven Koordinaten, dass der Punkt $[0 : 1 : 0]$ nie singulär ist: Es gilt nämlich stets $\partial F/\partial Z([0 : 1 : 0]) = 1 \neq 0$ für die Homogenisierung F von $Y^2 - X^3 - aX - b$.

Nun nehmen wir an, $E_{a,b}$ sei an einem Punkt $P = (x_0, y_0)$ in affinen Koordinaten singulär. Dann gilt für f wie in (3.1) einerseits $f(x_0, y_0) = 0$, damit P auf $E_{a,b}$ liegt, und andererseits gemäß Beispiel 2.6

$$\frac{\partial f}{\partial x}(x_0, y_0) = 0 = \frac{\partial f}{\partial y}(x_0, y_0),$$

damit P ein singulärer Punkt von $E_{a,b}$ ist. Nun folgt aus $\frac{\partial f}{\partial y}(x_0, y_0) = 2y_0 = 0$ bereits $y_0 = 0$, sodass wir doppelte Nullstellen vom Polynom $p(x) = x^3 + ax + b$ suchen. Wegen $\Delta(E_{a,b}) = \operatorname{disc}(p(x))$ und der Eigenschaft der Diskriminante, dass sie genau bei doppelten Nullstellen von $p(x)$ Null wird, ergibt sich der erste Teil der Aussage.

Der zweite Teil der Aussage folgt nun sofort, weil das kubische Polynom p keine zwei doppelten Nullstellen aufweisen kann. □

Im Falle $\Delta = 0$ lässt sich die geometrische Struktur von $E_{a,b}$ wie folgt beschreiben:

Proposition 3.2 *Ist* $\Delta(W_{a,b}) = 0$, *so definiert* $[X : Y : Z] \mapsto [X : Y]$ *eine birationale Abbildung* $\psi : E_{a,b} \to \mathbb{P}^1$.

Beweis Wir verweisen auf [Sil86, Prop. III.1.6]. □

Für $\Delta \neq 0$ hingegen erhalten wir tatsächlich eine elliptische Kurve. Andersherum ist jede elliptische Kurve tatsächlich von dieser Form. Der Beweis dieser zentralen Aussagen erfordert mehr Arbeit, weswegen wir ihm den Rest dieses Abschnitts widmen.

Theorem 3.1 *Sei k ein Körper mit* $\mathrm{char}(k) \neq 2, 3$. *Sei ferner k'/k eine algebraische Körpererweiterung.*

1. *Sei E eine elliptische Kurve über k. Dann existieren Funktionen $x, y \in k(E)$, sodass*
$$\varphi = [x : y : 1] : E \to \mathbb{P}^2$$
einen Isomorphismus über k von E mit $E_{a,b}$ für (bis auf Skalierung im Sinne von 3. eindeutige) $a, b \in k$ induziert. Dieser erfüllt $\varphi(O) = [0 : 1 : 0]$ für den ausgezeichneten Punkt $O \in E(k)$.
2. *Andersherum ist jede Kurve $C = E_{a,b}(k)$ mit $\Delta(W_{a,b}) \neq 0$ eine elliptische Kurve mit ausgezeichnetem Punkt $O = [0 : 1 : 0]$.*
3. *$E_{a,b}(k)$ und $E_{a',b'}(k)$ sind genau dann isomorph über k', wenn ein $u \in (k')^\times$ existiert, sodass $a' = u^4 a$ und $b' = u^6 b$.*

Zusammenfassend kann man sagen, dass das Theorem die Injektivität (1.), Surjektivität (2.) und Wohldefiniertheit (3.) der Abbildung

$$\begin{aligned} \left\{ \begin{matrix} \text{reduzierte Weierstraß-Gleichungen} \\ W_{a,b} \text{ über } k \text{ mit } \Delta(W_{a,b}) \neq 0 \end{matrix} \right\}_{/\sim_{k'}} &\to \{\text{Elliptische Kurven über } k\}_{/\cong_{k'}} \\ [W_{a,b}]_{\sim_{k'}} &\mapsto [E_{a,b} = \overline{W_{a,b}(k)}]_{\cong_{k'}} \end{aligned}$$

postuliert, wobei $\cong_{k'}$ die Äquivalenzrelation der über k' definierten Isomorphie algebraischer Kurven bezeichne und $W_{a,b} \sim_{k'} W_{a',b'}$ genau dann gelte, wenn ein $u \in (k')^\times$ existiert, sodass $a' = u^4 a$ und $b' = u^6 b$.

Beweis 1. Diese Aussage beweisen wir mithilfe des Satzes von Riemann–Roch 2.2. Dieser hat wie in Beispiel 2.23 zur Konsequenz, dass für den ausgezeichneten Punkt O von E

$$\ell(n[O]) := \dim(L(n[O])) = n$$

für alle $n \geq 1$ gilt. Da sowohl E als auch $n[O]$ über k definiert sind, finden wir gemäß Lemma 2.4 Funktionen $x, y \in k(E)$ mit exakter Polordnung 2 bzw. 3 bei O, sodass $\{1, x\}$ eine Basis von $L(2[O])$ und $\{1, x, y\}$ eine Basis von $L(3[O])$ ist. Analog hat $L(6[O])$ die Dimension 6 und enthält die Funktionen

$$1, x, y, x^2, xy, y^2, x^3$$

per definitionem. Also muss es eine nicht-triviale lineare Beziehung zwischen jenen Funktionen in $L(6[O])$ geben: Es existieren $a_1, \dots, a_7 \in k$, nicht alle Null, mit

$$a_1 + a_2x + a_3y + a_4x^2 + a_5xy + a_6y^2 + a_7x^3 = 0. \tag{3.4}$$

Es gilt $a_6, a_7 \neq 0$, denn sonst hätten alle Terme in dieser linearen Relation unterschiedliche Polordnungen bei O, sodass bereits alle Terme Null sein müssten. Also ist die Substitution $(x, y) \mapsto (-a_6a_7x, a_6a_7^2y)$ invertierbar und wir erhalten nach Division durch $a_6^3a_7^4$ in (3.4) eine Weierstraß-Gleichung. Weitere Substitutionen formen diese Gleichung in eine reduzierte Weierstraß-Gleichung um, sodass

$$\phi = [x : y : 1] : E \to \mathbb{P}^2$$

eine rationale Abbildung in die durch eine reduzierte Weierstraß-Gleichung $W = W_{a,b}$ über k beschriebene projektive Varietät $C := \overline{W_{a,b}(k)} \subseteq \mathbb{P}_k^2(\overline{k})$ definiert. Die Relation $\phi(O) = [0 : 1 : 0]$ folgt sofort daraus, dass y per Annahme eine höhere Polordnung bei O hat als x und 1.
Zunächst ist ϕ wegen der Glattheit von E automatisch ein Morphismus. Da ϕ eine nicht-konstante Abbildung algebraischer Kurven ist, ist ϕ weiter automatisch surjektiv mit endlichen Fasern (vgl. Prop. 2.6).
Um die Birationalität von ϕ zu zeigen, weisen wir nach, dass ϕ einen Isomorphismus $\phi^* : k(x, y) \to k(E)$ induziert: Zunächst hat $[x : 1] : E \to \mathbb{P}^1$ per definitionem eine doppelte Polstelle bei O (und keine weiteren Polstellen), sodass diese Abbildung nach Prop. 2.7 eine Körperinjektion $k(x) \hookrightarrow k(E)$ mit $[k(E) : k(x)] = 2$ induziert. Analog induziert $[y : 1] : E \to \mathbb{P}^1$ einen Homomorphismus $k(y) \hookrightarrow k(E)$ mit $[k(E) : k(y)] = 3$ und damit teilt $[k(E) : k(x, y)]$ sowohl 2 als auch 3, was die Aussage liefert. Aus Prop. 2.7 folgt nun, dass ϕ eine rationale Inverse ϕ^{-1} hat.
Zuletzt gilt zu zeigen, dass ϕ^{-1} auch ein Morphismus ist. Dafür genügt nach Prop. 2.6 zu zeigen, dass C glatt ist, d. h. $\Delta(W_{a,b}) \neq 0$ gilt. Andernfalls haben wir in Prop. 3.2 gesehen, dass eine birationale Abbildung $\psi : C \to \mathbb{P}^1$ existiert. Die Verkettung $\phi \circ \psi : E \to \mathbb{P}^1$ wäre dann allerdings eine birationale Abbildung glatter Kurven, d. h. erneut wegen Prop. 2.7 ein Isomorphismus – im Widerspruch dazu gilt aber $g(\mathbb{P}_k^1(\overline{k})) = 0 \neq 1 = g(E)$ nach Beispiel 2.22.

2. Sei E nun der Form $E_{a,b}$, d. h. durch eine reduzierte Weierstraß-Gleichung $W_{a,b}$ über k mit $\Delta \neq 0$ gegeben. Dann folgt aus Beispiel 2.22 $g(E) = 1$, womit E eine projektive, glatte Kurve von Geschlecht 1 ist, sodass $[0 : 1 : 0] \in E(k)$. Damit ist E eine elliptische Kurve.

3. Seien $\{x, y\}, \{x', y'\} \subseteq k(E)$ Weierstraß-Koordinaten über k im Sinne des Beweises von Aussage 1. Dann sind sowohl $\{1, x\}$ als auch $\{1, x'\}$ Basen von $L(2[O])$ und analog $\{1, x, y\}$ und $\{1, x', y'\}$ Basen von $L(3[O])$. Mithin finden wir Konstanten $u_1, u_2 \in k^\times, r, s_2, t \in k$ mit $x = u_1 x' + r$ und $y = u_2 y' + sx' + t$. Damit ein solcher Basiswechsel aber die reduzierte Weierstraß-Form erhält, muss $r = s = t = 0$ gelten. Außerdem folgt $u_1^3 = u_2^2$, da sowohl x^3 als auch y^2 in der reduzierten Weierstraß-Form normiert sind. Via $u := u_1/u_2$ liefert dies die gewünschte Aussage über k-Isomorphismen. Für k'/k folgt die gewünschte Aussage völlig analog nach Tensorieren von den über k definierten L-Räumen nach k'. □

Korollar 3.1 *Zwei Kurven $E_{a,b}$ und $E_{a',b'}$ mit $\Delta(W_{a,b}), \Delta(W_{a',b'}) \neq 0$ sind genau dann isomorph über $\overline{k}$, wenn*

$$j(W_{a,b}) = j(W_{a',b'}).$$

Beweis Gemäß Theorem 3.1 ist für die $\overline{k}$-Isomorphie zweier Kurven $E_{a,b}$ und $E_{a',b'}$ die Existenz eines Elements $u \in (\overline{k})^\times$ erforderlich, welches $a' = u^4 a$ und $b' = u^6 b$ erfüllt. Es folgt

$$\begin{aligned} j(W_{a',b'}) &= -1728 \cdot \frac{(4a')^3}{-16(4a'^3 + 27b'^2)} = 1728 \cdot \frac{4a'^3}{4a'^3 + 27b'^2} \\ &= 1728 \cdot \frac{4u^{12}a^3}{4u^{12}a^3 + 27u^{12}b^2} = 1728 \cdot \frac{4a^3}{4a^3 + 27b^2} = j(W_{a,b}), \end{aligned}$$

was nachzuweisen galt. Für die Hin-Richtung nehmen wir an, dass E_1 und E_2 durch reduzierte Weierstraß-Gleichungen $W_{a,b}$ und $W_{a',b'}$ über k definierte, glatte Kurven mit $j(E_1) = j(E_2)$ sind. Dann folgt

$$\frac{4a^3}{4a^3 + 27b^2} = \frac{4a'^3}{4a'^3 + 27b'^2},$$

also $a^3 b'^2 = a'^3 b^2$. Nun unterscheiden wir drei Fälle:

- $a = 0$, d. h. $j = 0$: Dann gilt $b \neq 0$ wegen $\Delta(W_{a,b}) \neq 0$ und damit $a' = 0$. Jetzt liefert $u = (b/b')^{1/6}$ nach Theorem 3.1 einen $\overline{k}$-Isomorphismus zwischen $E_{a,b}$ und $E_{a',b'}$.
- $b = 0$, d. h. $j = 1728$. Dann gilt $a \neq 0$, also $b' = 0$ und wir können $u = (a/a')^{1/4}$ wählen.

- $ab \neq 0$, d. h. $j \notin \{0, 1728\}$: Dann gilt $a'b' \neq 0$ wegen $\Delta(W_{a',b'}) \neq 0$ und wir können $u = (A/A')^{1/4} = (B/B')^{1/6}$ wählen.

In jedem Fall finden wir also einen $\overline{k}$-Isomorphismus, was den Beweis abschließt. □

Anmerkung 3.3 Aus dem Beweis dieses Korollars folgt auch sofort, dass zwei elliptische Kurven, die über $\overline{k}$ isomorph sind, schon über einer endlichen Körpererweiterung k'/k von k isomorph sind. Tatsächlich folgt auch bereits, dass die minimale, derartige Körpererweiterung höchstens den Grad 6 hat.

Anmerkung 3.4 Zum Ende dieses Kapitels möchten wir anmerken, dass es neben der reduzierten Weierstraß-Form, mit der wir uns in diesem Kapitel hauptsächlich beschäftigt haben, auch noch die sogenannte *Legendre-Form* (nach ADRIEN-MARIE LEGENDRE) einer elliptischen Kurve gibt. Für jene wird die kubische Gleichung in x über $\overline{k}$ faktorisiert, um eine Gleichung der Form

$$Y^2 = X(X-1)(X-\lambda)$$

mit $\lambda \in \overline{k}$, $\lambda \neq 0, 1$, zu erreichen, die mit der Konstruktion in Theorem 3.1 eine elliptische Kurve E_λ über $k(\lambda)$ liefert. Nun lässt sich erneut leicht zeigen, vgl. [Sil86, Prop. III.1.7], dass jede elliptische Kurve über $\overline{k}$ zu einer elliptischen Kurve E_λ isomorph ist. Diese Betrachtungsweise auf elliptische Kurven ist besonders interessant bei dem Studium ihrer Modulräume.

3.2 Das Gruppengesetz

Eine entscheidende Besonderheit elliptischer Kurven ist die Tatsache, dass jede elliptische Kurve E die natürliche Struktur einer abelschen Gruppe trägt, sodass ihr ausgezeichneter Punkt $O \in E(k)$ zum Neutralelement dieser Gruppe wird. Mithin ist E eine sogenannte *abelsche Varietät* von Geschlecht 1.

Dieses Gruppengesetz hat eine geometrische Interpretation für $k = \mathbb{R}$, die sogenannte *Sehnen-Tangenten-Konstruktion,* die oftmals als Definition präsentiert wird. Für $k = \mathbb{Q}$ oder sogar $k = \mathbb{F}_p$ benötigen wir aber einen anderen Zugang, der einerseits weitreichende Verallgemeinerungen zulässt und andererseits die Existenz des überraschenden geometrischen Gruppengesetzes für $k = \mathbb{R}$ motiviert. Nicht zuletzt ermöglicht uns der hier gewählte Zugang beispielsweise, die Assoziativität dieser Sehnen-Tangenten-Konstruktion ohne aufwendige geometrische Konstruktionen nachzuweisen.

Wir beginnen mit einem harmlos anmutenden Lemma, welches die entscheidende Beobachtung zur Konstruktion des Gruppengesetzes ist:

Lemma 3.1 *Sei C eine glatte Kurve von Geschlecht* 1 *und $x, y \in C$. Dann gilt* $[x] \sim [y]$ *in* Div(C), *d. h.* $x = y$ *in* Pic(C), *genau dann, wenn* $x = y$ *in* C.

Beweis Aus $[x] \sim [y]$ folgt die Existenz von $f \in \overline{k}(C)$ mit $\mathrm{div}(f) = (x) - (y)$. Per definitionem folgt $f \in L([y])$ und wegen $\dim_{\overline{k}}(L([y])) = 1$ dank Riemann–Roch weiter $f \in \overline{k}$, also $x = y$. □

Proposition 3.3 *Sei E eine elliptische Kurve über k mit ausgezeichnetem Punkt O. Dann existiert zu jedem $D \in \mathrm{Div}_{\mathrm{k}}^{0}(\mathrm{E})$ ein eindeutiger Punkt $x \in E(k)$ mit $D \sim [x] - [O]$.*

Die so definierte Abbildung $\phi : \mathrm{Div}_{\mathrm{k}}^{0}(\mathrm{E}) \to \mathrm{E(k)}$ ist surjektiv und erfüllt $\phi(D_1) = \phi(D_2)$ genau dann, wenn $D_1 \sim D_2$. Insbesondere induziert ϕ eine Bijektion $\mathrm{Pic}_k^0(E) \cong E(k)$ mit inverser Abbildung $\kappa : x \mapsto [x] - [O] + PDiv(C) \in \mathrm{Pic}_k^0(C)$.

Beweis Wegen $g_E = 1$ folgt mit Riemann–Roch $\dim_{\overline{k}}(L(D + [O])) = 1$. Sei $f \in k(E)$ ein nicht-triviales Element, d. h. eine Basis, von $L(D + [O])$.

Mit $\deg(\mathrm{div}(f)) = 0$ und $\mathrm{div}(f) \geq -D - [O]$ folgt sofort $\mathrm{div}(f) = -D - [O] + [x]$ für ein $x \in E(k)$, also $D \sim [x] - [O]$. Falls $[x'] + [O] \sim [x] + [O]$ für irgendein $x' \in E(k)$ folgt weiter $[x'] = [x]$ und damit aus dem vorigen Lemma $x' = x$.

Die Surjektivität folgt aus $\phi([x] - [O]) = x$ und falls $\phi(D_1) = \phi(D_2)$ für $D_1, D_2 \in \mathrm{Div}_k^0(E)$, so folgt $[\phi(D_1)] - [\phi(D_2)] \sim D_1 - D_2$ per definitionem und daher mithilfe obigen Lemmas $\phi(D_1) = \phi(D_2)$ genau dann, wenn $D_1 \sim D_2$. □

Nun hat $\mathrm{Pic}_k^0(E)$ per definitionem eine kanonische Gruppenstruktur einer abelschen Gruppe, und wir können diese mithilfe von ϕ auf $E(k)$ transferieren, d. h. für $x, y \in E(k)$

$$x + y := \kappa^{-1}(\kappa(x) + \kappa(y)) \in E(k)$$

setzen. Über $\mathbb{C}$ ist die Existenz eines solchen Gruppengesetzes auf $E(k)$ nicht überraschend. Wir erinnern, dass ein *Gitter* in einem endlich-dimensionalen reellen Vektorraum V eine Untergruppe $\Lambda \subseteq (V, +)$ ist, die sich als $\mathbb{Z}$-Erzeugnis einer Basis von V schreiben lässt.

Beispiel 3.2 Für jede elliptische Kurve $E = E(\mathbb{C})$ über $\mathbb{C}$ kann der Menge $E(\mathbb{C})$ die natürliche Struktur einer komplexen Mannigfaltigkeit gegeben werden, weil die Übergangsabbildung zwischen der affinen Karte und Karte bei unendlich durch ein Polynom gegeben ist und damit holomorph ist.

Der *Weierstraßsche Uniformisierungssatz* (vgl. [Sil86, VI.5]) besagt nun, dass zu jeder elliptischen Kurve E über $\mathbb{C}$ ein Gitter $\Lambda \subseteq \mathbb{C}$ derart existiert, dass die *Weierstraßsche $\wp$-Funktion* eine biholomorphe Abbildung

$$\varphi : \mathbb{C}/\Lambda \to E(\mathbb{C}), \quad z + \Lambda \mapsto [\wp(z, \Lambda) : \wp'(z, \Lambda) : 1]$$

komplexer Mannigfaltigkeiten induziert. Weil $\mathbb{C}/\Lambda$ als Quotientengruppe eine natürliche, durch analytische Funktionen gegebene Gruppenstruktur hat, können wir diese via φ auf $E(\mathbb{C})$ übertragen, um ein Gruppengesetz auf $E(\mathbb{C})$ zu erhalten, was durch rationale Funktionen gegeben ist. Damit erhalten wir einen biholomorphen Gruppenisomorphismus $\mathbb{C}/\Lambda \cong E(\mathbb{C})$, weswegen wir $E(\mathbb{C})$ auch als *komplexen Torus* bezeichnen.

Wir werden später sehen, dass es allgemein auf $E(k)$ maximal ein solches Gruppengesetz geben kann, vgl. Anmerkung 3.6. Insbesondere stimmen die via ϕ und φ auf $E(\mathbb{C})$ transferierten Gruppengesetze überein.

Wir behaupten, dass diese abstrakte, algebraische Definition auch für allgemeines k einer konkreten, geometrischen Definition entspricht. Dafür benötigen wir zunächst ein Lemma:

Lemma 3.2 *Sei E eine elliptische Kurve über k und $x, y \in E(k)$. Sei $\ell \subseteq \mathbb{P}_k^2(k)$ eine Gerade durch x und y, d. h. eine Teilmenge der Form $\ell = \overline{\mathrm{V}}(aX + bY + c)(\overline{k})$ mit $(a, b, c) \neq (0, 0, 0)$ und $x, y \in \ell(k)$. Falls $x = y$, so sei ℓ eine Gerade, die tangential zu x steht. Dann existiert so ein ℓ stets eindeutig und die Menge $\ell(k) \cap E(k)$ enthält neben x und y einen dritten Punkt z und keine weiteren Punkte.*

Beweis Die eindeutige Existenz von ℓ ist durch explizites Nachrechnen in affinen Koordinaten mithilfe einer Weierstraß-Gleichung für E nachweisbar. Ebenso kann für die Koordinaten des dritten Punktes dann eine explizite k-algebraische Formel angegeben werden und es existiert kein vierter Schnittpunkt, weil Weierstraß-Gleichungen durch Polynome von Grad 3 definiert sind.

Alternativ kann ohne die Existenz einer Weierstraß-Gleichung abstrakt mit dem *Satz von Bézout* argumentiert werden, vgl. [Eis95, I.7.8]. □

Nun können wir das *geometrische Gruppengesetz* auf $E(k)$ definieren:

Definition 3.5 Seien $x, y \in E(k)$ und $z \in E(k)$ der dritte Schnittpunkt von der Gerade $\ell(k)$ durch x, y mit $E(k)$, dessen Existenz durch Lemma 3.2 garantiert wird.

Sei weiter $\ell'(k)$ die eindeutige Gerade durch z und den ausgezeichneten Punkt O von $E(k)$ mit drittem Schnittpunkt $w \in E(k)$. Setze $x \oplus y := w$.

Wir visualisieren den Additionsprozess zweier Punkte zunächst im Beispiel $k = \mathbb{R}$, wobei wir als ausgezeichneten Punkt O jeweils den Punkt $[0 : 1 : 0] \in E(k)$ bei unendlich wählen, den wir uns in den untenstehenden affinen Bildern der Abb. 3.1 als Punkt bei $(0, \infty)$ vorstellen können.

Es kann auf den ersten Blick überraschen, dass diese Konstruktion tatsächlich die Struktur einer abelschen Gruppe auf $E(k)$ definiert:

Proposition 3.4 *Die Operation* $\oplus : E(k) \times E(k) \to E(k)$ *definiert auf* $E(k)$ *die Struktur einer abelschen Gruppe mit Neutralelement* $O \in E(k)$.

Ohne die Definition der von $\mathrm{Pic}_k^0(E)$ induzierten Gruppenstruktur von $E(k)$ ist der Beweis dieser Aussage eine nicht-triviale Aufgabe in der Geometrie von Kurven. Insbesondere die Assoziativität erfordert aufwendigere geometrische Konstruktionen, vgl. [Ful69, 5.6]. Mithilfe der folgenden Proposition folgen aber alle nachzuweisenden Aussagen sofort:

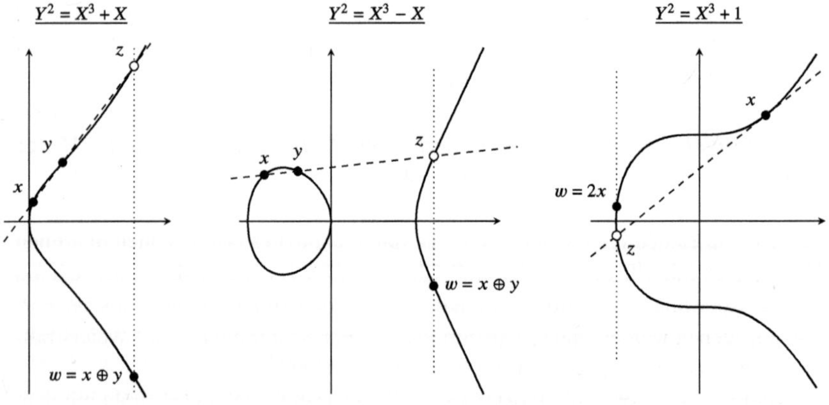

Abb. 3.1 Visualisierung des geometrischen Gruppengesetzes

Proposition 3.5 *Das algebraische und geometrische Gruppengesetz auf $E(k)$ stimmen überein, d. h. $x + y = x \oplus y$ für alle $x, y \in E(k)$.*

Beweis Mit der Notation wie in der Definition 3.3 von $x + y$ gilt zu zeigen, dass $\kappa(x \oplus y) = \kappa(x) + \kappa(y)$, wobei κ einem Punkt $x \in E(k)$ den assoziierten Divisor $[x] - [O] \in \operatorname{Pic}_k^0(C)$ zuordnet.

Seien dafür $\ell = V(f)(\overline{k})$ für $f = aX + bY + cZ$ die Gerade durch x, y mit drittem Schnittpunkt $z \in E(k) \cap \ell(k)$ mit $E(k)$ und $\ell' = V(g)(\overline{k})$ mit $g = dX + eY + fZ$ die Gerade durch z, O mit drittem Schnittpunkt $w \in E(k)$. Per definitionem gilt $x \oplus y = w$ und weiter wegen $\operatorname{div}(Z) = -3[O]$ (wie in Beispiel 2.16)

$$\operatorname{div}(f/Z) = [x] + [y] + [z] - 3[O], \quad \operatorname{div}(g/Z) = [z] + [O] + [w] - 3[O].$$

Es folgt $0 \sim \operatorname{div}(g/f) = [w] - [x] - [y] + [O]$, also $[x] + [y] \sim [w] + [O]$ und schließlich $([x] - [O]) + ([y] - [O]) = [w] - [O]$ in $\operatorname{Pic}_k^0(E)$. Insgesamt folgt wie gewünscht

$$\kappa(x) + \kappa(y) = \kappa(w) = \kappa(x \oplus y).$$

□

Die Addition $+ : E(k) \times E(k) \to E(k)$, die wir nun auf zwei Arten charakterisiert haben, definiert außerdem einen Morphismus elliptischer Kurven. Insbesondere hat $E(k)$ die Struktur einer sogenannten *algebraischen Gruppe.*

Proposition 3.6 *Sowohl die Addition $+ : E(k) \times E(k) \to E(k), (x, y) \mapsto x + y$ als auch die Negation $[-1] : E(k) \to E(k), x \mapsto -x$ sind Morphismen projektiver Kurven, d. h. durch Polynome überall definiert.*

Beweis Erneut kann die Rationalität der Abbildung explizit mithilfe von Weierstraß-Gleichungen nachgerechnet werden, vgl. [Sil86, Theorem III.3.6]. Die globale Definiertheit folgt dann aus Prop. 2.6. Alternativ kann argumentiert werden, dass auf der Picard-Gruppe die Struktur einer Varietät definiert werden kann, sodass κ selbst ein Morphismus ist, vgl. [Mil86, I.8]. □

Anmerkung 3.5 Insgesamt lässt sich die bekannte Konstruktion eines geometrischen Gruppengesetzes auf einer elliptischen Kurve, die konkret durch eine Weierstraß-Gleichung gegeben ist, mithilfe der Sprache von Divisoren algebraisch realisieren. Dort rührt es allein aus den definierenden Eigenschaften einer elliptischen Kurve her.

Die Übereinstimmung dieser beiden Konstruktionen liefert dann einen einfacheren Beweis der Gültigkeit der Gruppenaxiome. Andersherum kann die Tatsache, dass das Gruppengesetz durch reguläre Abbildungen gegeben ist, einfacher in der Sprache von Weierstraß-Gleichungen und der geometrischen Inkarnation des Gruppengesetzes nachgewiesen werden. Wie oftmals in der Mathematik stellt es sich also auch hier als äußerst fruchtbar heraus, ein Objekt aus mehreren Perspektiven zu betrachten.

3.3 Isogenien

Wir wollen uns nun mit Abbildungen zwischen elliptischen Kurven beschäftigen. Zunächst scheint die folgende Definition recht restriktiv:

Definition 3.6 Seien E_1 und E_2 elliptische Kurven über k. Dann ist eine *Isogenie (über k)* von E_1 nach E_2 ein über k definierter surjektiver Morphismus projektiver Varietäten $\phi : E_1 \to E_2$, der zugleich ein Gruppenhomomorphismus mit endlichem Kern ist.

Die Eigenschaften elliptischer Kurven führen dazu, dass sehr allgemeine Morphismen Isogenien sind:

Proposition 3.7 (Rigiditätssatz) *Ist $\phi : E_1 \to E_2$ eine über k definierte rationale Abbildung elliptischer Kurven E_1, E_2 über k mit ausgezeichneten Punkten O_1, O_2, sodass $\phi(O_1) = O_2$, so ist entweder $\phi = 0$ oder ϕ eine Isogenie.*

Beweis Zunächst ist ϕ wegen der Glattheit von E_1 automatisch ein Morphismus, vgl. Prop. 2.6. Außerdem ist ϕ wegen $\phi \neq 0$ und $\phi(O_1) = O_2$ nicht-konstant, also nach Prop. 2.6 surjektiv mit endlichen Fasern. Insbesondere ist $\phi^{-1}(O_2)$ endlich.

Wir zeigen nun, dass ϕ automatisch das Gruppengesetz von E_1 und E_2 respektiert. Betrachte dazu die induzierte Abbildung

$$\phi_* : \mathrm{Div}^0(E_1) \to \mathrm{Div}^0(E_2), \quad \sum_{x \in E_1} n_x[x] \mapsto \sum_{x \in E_1} n_x[\phi(x)],$$

die zu einer Abbildung $\phi_* : \mathrm{Pic}_k^0(E_1) \to \mathrm{Pic}_k^0(E_2)$ Anlass gibt: Einerseits ist $\phi_* \mathrm{div}(f)$ erneut von der Form $\mathrm{div}(g)$ für ein $g \in k(C_2)$ (vgl. [Sil86, Prop. II.3.6]) und andererseits ist ϕ über k definiert, also gilt für $x \in E_1(k)$ auch $\phi(x) \in E_2(k)$. Offensichtlich ist ϕ_* ein Gruppenhomomorphismus.

Betrachte außerdem die Gruppenisomorphismen $\kappa_i : E_i(k) \to \mathrm{Pic}_k^0(E_i)$. Dann gilt

$$\phi_*(\kappa_1(x)) = \phi_*([x] - [O_1]) = [\phi(x)] - [\phi(O_1)] = [\phi(x)] - [O_2] = \kappa_2(\phi(x)).$$

Daher können wir $\phi = \kappa_2^{-1} \circ \phi_* \circ \kappa_1$ als Komposition von Gruppenhomomorphismen schreiben, womit die Aussage folgt. Nun ist aber $\phi^{-1}(O_2) = \ker(\phi)$ eine endliche Gruppe, sodass ϕ eine Isogenie ist. □

Anmerkung 3.6 Diese Proposition liefert die Eindeutigkeit der von uns erklärten Gruppenstruktur auf $E(k)$, für die die Addition $+ : E(k) \times E(k) \to E(k)$ ein Morphismus ist: Schließlich ist für jede elliptische Kurve E die Abbildung $\mathrm{id} : E \to E$ ein bijektiver Morphismus mit $\mathrm{id}(O) = O$ für den ausgezeichneten Punkt O von E, der gemäß der Prop. 3.7 automatisch ein Gruppenhomomorphismus bezüglich beliebiger Gruppenstrukturen auf der Definitions- und Zielmenge ist.

Nachdem für $\oplus$ die Gruppenaxiome geprüft wurden, liefert diese Beobachtung einen alternativen Beweis von der Übereinstimmung des geometrischen und algebraischen Gruppengesetzes Prop. 3.5.

Mithilfe der Proposition 3.7 können wir außerdem alle regulären Abbildungen elliptischer Kurven verstehen:

Proposition 3.8 *Jede über k definierte, nicht-konstante, rationale Abbildung $E_1 \to E_2$ elliptischer Kurven über k ist die Komposition einer Translation in $E_2(k)$ und einer über k definierten Isogenie $E_1 \to E_2$.*

Beweis Zunächst erklären wir die Terminologie *Translation:* Wir können zu jedem Punkt $y_0 \in E_2(k)$ die Abbildung $\tau_{y_0} : E_2(k) \to E_2(k)$, $y \mapsto y + y_0$ betrachten, die wegen Prop. 2.6 ein Morphismus und wegen $\tau_{y_0} \circ \tau_{-y_0} = \tau_{-y_0} \circ \tau_{y_0} = \mathrm{id}_{E_2(k)}$ ein Isomorphismus ist.

Sei nun $\phi : E_1 \to E_2$ eine beliebige, über k definierte rationale Abbildung. Dann erfüllt $\phi' := \tau_{-\phi(O_1)} \circ \phi$ die Gleichung $\phi'(O_1) = O_2$. Ist $\phi' = 0$, so ist $\phi = \phi(O_1)$ die konstante Abbildung mit Wert $\phi(O_1)$. Also ist $\phi' \neq 0$ mit $\phi'(O_1) = O_2$ und damit eine Isogenie nach Proposition 3.7. Mit $\phi = \tau_{\phi(O_1)} \circ \phi'$ folgt die Aussage. □

Insgesamt können wir also das Studium von Abbildungen zwischen elliptischen Kurven auf das Studium von Isogenien einschränken. Es gilt hierbei, zwei Arten von Isogenien zu unterscheiden.

Anmerkung 3.7 Wir erinnern daran, dass eine algebraische Körpererweiterung L/K *separabel* heißt, falls das Minimalpolynom jedes Elements $\alpha \in L$ über K separabel ist, d. h. keine doppelten Nullstellen hat.

Etwa ist jede Körpererweiterung in Charakteristik 0 separabel, aber $\mathbb{F}_p(t)/\mathbb{F}_p(t^p)$ ist nicht separabel, weil das Minimalpolynom von $t \in \mathbb{F}_p(t)$ in $\mathbb{F}_p(t^p)$ durch $X^p - t^p = (X - t)^p = 0$ gegeben ist. Zu einer beliebigen algebraischen Körpererweiterung L/K können wir den *separablen Abschluss* k^s *von* K *in* L als Menge aller Elemente in L mit separablem Minimalpolynom über K betrachten. Die Erweiterung k^s/K ist dann separabel und L/k^s *total inseparabel,* d. h. L enthält keine Elemente mit separablem Minimalpolynom über k^s.

Definition 3.7 Eine Isogenie $\phi : E_1 \to E_2$ elliptischer Kurven über k heißt *separabel,* falls die von ϕ induzierte Körperinjektion $\phi^* : k(E_2) \to k(E_1)$ eine separable Körpererweiterung $k(E_1)/\phi^* k(E_2)$ definiert. Andernfalls heißt ϕ *inseparabel.* Ist $k(E_1)/\phi^* k(E_2)$ total inseparabel, so nennen wir ϕ *total inseparabel.*

Anmerkung 3.8 Ist $\mathrm{char}(k) > 0$ und ϕ inseparabel, so können wir ϕ stets als Komposition $\phi = \phi^s \circ \phi^i$ für ein separables ϕ^s und total inseparables ϕ^i schreiben: Nach Anmerkung 3.7 gilt diese Aussage nämlich für die induzierten Körpererweiterung von Funktionenkörpern, und wir können Prop. 2.7 anwenden. Daher genügt es, separable und total inseparable Isogenien zu studieren.

Wir geben ein Beispiel für inseparable Isogenien:

Beispiel 3.3 Sei $\mathrm{char}(k) = p > 0$ und $q = p^n$ für ein $n \in \mathbb{N}$. Die Abbildung $\mathrm{Frob}_q : k \to k, x \mapsto x^q$ ist ein Gruppenhomomorphismus, der sogenannte *Frobenius-Morphismus.* Außerdem ist Frob_q surjektiv, weil wir angenommen haben, dass k vollkommen ist, vgl. [Lan02, VIII, §4].

Sei $f \in k[X]$ und $f^{(q)} \in k[X]$ das durch Anwendung von Frob_q auf die Koeffizienten von f gewonnene Polynom.

Zu einer elliptischen Kurve E über k können wir dann $E^{(q)} = \mathrm{V}(\mathrm{I}(E)^{(q)})$ für $\mathrm{I}(E)^{(q)} := \langle f^{(q)} : f \in \mathrm{I}(E)\rangle$ definieren. Außerdem können wir den (relativen) *Frobenius-Morphismus auf* E via

$$F_q : E \to E^{(q)}, \quad [x_0 : x_1 : x_2] \mapsto [x_0^q : x_1^q : x_2^q]$$

definieren, welche wegen

$$f^{(q)}(F(x_0, x_1, x_2)) = f^{(q)}(x_0^q, x_1^q, x_2^q) = (f(x_0, x_1, x_2))^q = 0.$$

wohldefiniert ist. Dann gilt $F_q^* k(E^{(q)}) \cong k(E)^q = \{f^q : f \in k(E)\}$, weil für $f, g \in k[E^{(q)}]$, $g \notin \mathrm{I}(E^{(q)})$ die Polynome der Form

$$F_q^*\left(\frac{f}{g}\right) = \frac{f(X_0^q, X_1^q, X_2^q)}{g(X_0^q, X_1^q, X_2^q)} \quad \text{und} \quad \left(\frac{f}{g}\right)^q = \frac{f(X_0, X_1, X_2)^q}{g(X_0, X_1, X_2)^q}$$

denselben Teilkörper von $k(E)$ bilden, da jedes Element von k im Bild von Frob_q liegt. Nun ist $k(E)/\phi^* k(E^{(q)})$ total inseparabel, weil $k(E)/k(E)^q$ total inseparabel ist: Jedes Element $f \in k(E)$ hat über $k(E)^q$ das Minimalpolynom $X^q - f^q = (X - f)^q$.

Außerdem gilt $\deg(F_q) = [k(E) : \phi^* k(E^{(q)})] = q$, während $\ker(F_q) = \{0\}$. Wir bemerken außerdem, dass $F_q = F_p \circ \cdots \circ F_p$ sich als n-fache Komposition von F_p schreiben lässt.

Der Erweiterungsgrad jeder total inseparablen Erweiterung L/K von Körpern ist eine Potenz von $\mathrm{char}(K) = p > 0$. Per definitionem ist daher auch der Grad jeder total inseparablen Isogenie ϕ eine solche Primpotenz $q = p^n$. Außerdem gilt:

Lemma 3.3 *Sei $\phi : E_1 \to E_2$ eine total inseparable Isogenie elliptischer Kurven über k mit* $\mathrm{char}(k) = p$. *Sei $q = p^n :=$* $\deg(\phi)$. *Dann existiert ein eindeutiger Isomorphismus $\alpha : E_2 \to E_1^{(q)}$, sodass $\alpha \circ \phi = F_q$.*

Beweis Da ϕ total inseparabel von Grad q ist, ist auch $k(E_1)/\phi^* k(E_2)$ total inseparabel von Grad q, sodass $k(E_1)^q \subseteq \phi^* k(E_2)$. Außerdem gilt $k(E_1)^q = F_q^* k(E_1^{(q)})$ und $[k(E_1) : F_q^* k(E_1^{(q)})] = \deg(F_q) = q$ nach Beispiel 3.3, also $\phi^* k(E_2) = F_q^* k(E_1^{(q)})$. Daraus folgt mit Prop. 2.7 die gewünschte Aussage. □

Daher gilt für inseparables ϕ stets $\ker(\phi) = \{0\}$. Für separables ϕ kann man hingegen zeigen, dass $\#\ker(\phi) = \deg(\phi)$ gilt und $\overline{k}(E_1)/\phi^* \overline{k}(E_2)$ eine Galois-Erweiterung ist, vgl. [Sil86, Theorem III.4.10(c)]. Mit Galoistheorie und Prop. 2.7 lassen sich daher Isogenien konstruieren:

Proposition 3.9 *Seien $\phi : E_1 \to E_2$ und $\psi : E_1 \to E_3$ Isogenien mit ϕ separabel. Falls $\ker(\phi) \subseteq \ker(\psi)$, so existiert eine eindeutige Isogenie $\lambda : E_2 \to E_3$ mit $\psi = \lambda \circ \phi$.*

Beweis Wegen $\ker(\phi) \subseteq \ker(\psi)$ fixiert jedes Element von $\mathrm{Gal}(\overline{k}(E_1)/\phi^*\overline{k}(E_2))$ den Körper $\psi^*\overline{k}(E_3)$ punktweise.

Der Hauptsatz der Galoistheorie liefert dann einen Körperturm $\overline{k}(E_1)/\phi^*\overline{k}(E_2)/\psi^*\overline{k}(E_3)$, sodass Prop. 2.7 die Existenz einer Abbildung $\lambda : E_2 \to E_3$ mit $\phi^*(\lambda^*\overline{k}(E_3)) = \psi^*\overline{k}(E_3)$ liefert. Es folgt $(\lambda \circ \phi)^* = \psi^*$, also $\lambda \circ \phi = \psi$ wegen der Eindeutigkeit in Prop. 2.7, wobei λ dank $\lambda(O_2) = \lambda(\phi(O_1)) = \psi(O_1) = O_3$ für die ausgezeichneten Punkte O_1, O_2, O_3 von E_1, E_2, E_3 und Prop. 3.7 eine Isogenie ist. □

Anmerkung 3.9 Wenn ϕ und ψ über k definiert sind, so kann auch λ über k definiert werden, indem überall im Beweis $\overline{k}$ mit k ersetzt wird.

Die Proposition 3.9 ermöglicht uns den Beweis des folgenden Kernresultats dieses Abschnitts, der *Existenz einer dualen Isogenie.* Dafür bezeichnen wir für eine elliptische Kurve E über k und $n \in \mathbb{Z}$ die *Multiplikationsabbildung* mit $[n] : E \to E, x \mapsto n \cdot x$, die für $n \neq 0$ eine Isogenie ist. Für $\mathrm{char}(k) = p \in \mathbb{P} \cup \{0\}$ ist diese genau dann separabel, wenn $p \nmid n$.

Theorem 3.2 *Sei $\phi : E_1 \to E_2$ eine Isogenie von Grad $n \in \mathbb{N}$. Dann existiert eine eindeutige Isogenie $\widehat{\phi} : E_2 \to E_1$ mit $\widehat{\phi} \circ \phi = [n] : E_1 \to E_1$.*

Außerdem hat $\widehat{\phi}$ die folgenden Eigenschaften:

1. *Es gilt $\phi \circ \widehat{\phi} = [n] : E_2 \to E_2$.*
2. *Ist $\lambda : E_2 \to E_3$ eine weitere Isogenie, so gilt $\widehat{\lambda \circ \phi} = \widehat{\phi} \circ \widehat{\lambda}$.*
3. *Ist $\psi : E_1 \to E_2$ eine weitere Isogenie, so gilt $\widehat{\phi + \psi} = \widehat{\phi} + \widehat{\psi}$.*
4. *Es gilt $\deg(\phi) = \deg(\widehat{\phi})$ und $\widehat{\widehat{\phi}} = \phi$.*

Beweis Wir zeigen zunächst die eindeutige Existenz von $\widehat{\phi}$: Für die Eindeutigkeit seien $\widehat{\phi}$ und $\widehat{\phi}'$ Isogenien mit der gewünschten Eigenschaft. Dann gilt $(\widehat{\phi} - \widehat{\phi}') \circ \phi = [n] - [n] = 0$, also wegen der Nicht-Konstanz von ϕ weiter $\widehat{\phi} - \widehat{\phi}' = 0$ wie gewünscht, vgl. Prop. 2.6.

Wir behaupten, dass es ausreicht, $\widehat{\phi}$ für eine separable Isogenie ϕ und den Frobenius-Morphismus F_q zu konstruieren: Schließlich lässt sich wegen Anmerkung 3.8 und Beispiel 3.3 stets $\phi = \phi^{\mathrm{s}} \circ F_q$ für eine separable Isogenie ϕ^{s} schreiben.

Sind also $\widehat{\phi^s}$ und $\widehat{F_q}$ wie gewünscht konstruiert, so können wir $\widehat{\phi} := \widehat{F_q} \circ \widehat{\phi^s}$ setzen, denn

$$\begin{aligned}\widehat{\phi} \circ \phi &= \widehat{F_p} \circ \widehat{\phi^s} \circ \phi^s \circ F_p = \widehat{F_p} \circ [\deg(\phi^s)] \circ F_p \\ &= [\deg(\phi^s)] \circ \widehat{F_p} \circ F_p = [\deg(\phi^s)] \circ [q] = [q \cdot \deg(\phi^s)]\end{aligned}$$

und $q \cdot \deg(\phi^s) = \deg(\phi)$. Im total inseparablen Fall genügt es also ebenfalls, die duale Isogenie zu F_p zu konstruieren.

Wir konstruieren $\widehat{\phi}$ für separable ϕ: Wegen $\#\ker(\phi) = \deg(\phi)$ folgt $\ker(\phi) \subseteq \ker([\deg(\phi)])$, also existiert wegen Prop. 3.9 eine Isogenie $\widehat{\phi} : E_2 \to E_1$ mit $\widehat{\phi} \circ \phi = [\deg(\phi)]$. Für $\phi = F_p$ verwenden wir, dass $[p]$ sich wie jeder Morphismus $E_1 \to E_1$ in als $[p] = \psi \circ F_p^r$ für ein $r \geq 0$ schreiben lässt. Außerdem gilt $r > 0$, denn wie erwähnt ist $[p]$ nicht separabel. Setzen wir nun $\widehat{F_p} = \psi \circ {F_p}^{r-1}$, so folgt $[p] = \psi \circ F_p^r = (\psi \circ F_p^{r-1}) \circ F_p$ wie gewünscht.

Wir beweisen nun die anderen Eigenschaften:

1. Es gilt
$$(\phi \circ \widehat{\phi}) \circ \phi = \phi \circ [\deg(\phi)] = [\deg(\phi)] \circ \phi$$
und daher mit Prop. 2.6 und der Nicht-Konstanz von ϕ weiter $\phi \circ \widehat{\phi} = [\deg(\phi)]$.
2. Es gilt
$$(\widehat{\phi} \circ \widehat{\lambda}) \circ (\lambda \circ \phi) = \widehat{\phi} \circ [\deg(\lambda)] \circ \phi = [\deg(\lambda)] \circ \widehat{\phi} \circ \phi = [\deg(\lambda) \cdot \deg(\phi)].$$
Dank Eindeutigkeit der dualen Isogenie folgt $\widehat{\phi} \circ \widehat{\lambda} = \widehat{\lambda \circ \phi}$.
3. Der Beweis dieser wichtigen Aussage erfordert etwas mehr Arbeit und wir verweisen auf [Sil86, Theorem III.6.2(c)].
4. Zunächst gilt $\widehat{[n]} = [n]$ für alle $n \in \mathbb{Z}$ mit $n \neq 0$, da $[1] = \mathrm{id}$ und $\widehat{[n] + [1]} = \widehat{[n]} + \widehat{[1]}$ nach 3. Es folgt $[\deg([n])] = \widehat{[n]} \circ [n] = [n^2]$, also wegen Injektivität von $[\cdot] : \mathbb{Z} \to \mathrm{End}(E)$ weiter $\deg([n]) = n^2$. Somit gilt
$$(\deg(\phi))^2 = \deg([\deg(\phi)]) = \deg(\phi \circ \widehat{\phi}) = \deg(\phi) \cdot \deg(\widehat{\phi}),$$
also $\deg(\phi) = \deg(\widehat{\phi})$. Schließlich folgt die letzte Aussage aus der Gleichung
$$\widehat{\phi} \circ \phi = [\deg(\phi)] = \widehat{[\deg(\phi)]} = \widehat{\widehat{\phi} \circ \phi} = \widehat{\phi} \circ \hat{\hat{\phi}},$$
die $\widehat{\phi} \circ (\phi - \hat{\hat{\phi}}) = 0$, also $\phi = \hat{\hat{\phi}}$ impliziert.

□

Was Sie aus diesem *essential* mitnehmen können

In dieser Einführung in die Theorie elliptischer Kurven haben Sie...

- affine und projektive Varietäten und ihre zentralen Eigenschaften kennengelernt,
- eine Formulierung des Satzes von Riemann–Roch und seine Anwendung verstanden,
- die Definition elliptischer Kurven und Weierstraß-Gleichungen gesehen,
- den Zusammenhang zwischen dem algebraischen und geometrischen Gruppengesetz auf elliptischen Kurven erkannt,
- einen Einblick in die rigide Struktur von Isogenien elliptischer Kurven gewonnen.

C. Kaul, *Elliptische Kurven: Eine erste Einführung*, essentials,
https://doi.org/10.1007/978-3-662-73120-8

Literatur

[Eis95] David Eisenbud. *Commutative algebra. With a view toward algebraic geometry.* English. Vol. 150. Grad. Texts Math. Berlin: Springer-Verlag, 1995. isbn: 3-540-94269-6; 3-540-94268-8.

[Ful69] W. Fulton. *Algebraic curves.* English. Math. Lect. Note Ser. The Benjamin/Cummings Publishing Company, Reading, MA, 1969.

[Har77] Robin Hartshorne. *Algebraic geometry.* English. Vol. 52. Grad. Texts Math. Springer, Cham, 1977.

[Lan02] Serge Lang. *Algebra.* English. 3rd revised ed. Vol. 211. Grad. Texts Math. New York, NY: Springer, 2002. isbn: 0-387-95385-X.

[Mil86] J. S. Milne. *Abelian varieties.* English. Arithmetic geometry, Pap. Conf., Storrs/Conn. 1984, 103–150 (1986). 1986.

[Sil86] Joseph H. Silverman. *The arithmetic of elliptic curves.* English. Vol. 106. Grad. Texts Math. Springer, Cham, 1986.

[TW95] Richard Taylor and Andrew Wiles. „Ring-theoretic properties of certain Hecke algebras". English. In: *Ann. Math.* (2) 141.3 (1995), pp. 553–572. issn: 0003-486X. https://doi.org/10.2307/2118560.

[Was08] Lawrence C.Washington. Elliptic curves. *Number theory and cryptography.* English. 2nd ed. Boca Raton, FL: Chapman and Hall/CRC, 2008. isbn: 978-1-4200-7146-7.

[Wil95] Andrew Wiles. "Modular elliptic curves and Fermat's Last Theorem". English. In: *Ann. Math.* (2) 141.3 (1995), pp. 443–551. issn: 0003-486X. https://doi.org/10.2307/2118559.

C. Kaul, *Elliptische Kurven: Eine erste Einführung*, essentials,
https://doi.org/10.1007/978-3-662-73120-8

MIX
Papier aus verantwortungsvollen Quellen
Paper from responsible sources
FSC® C105338

If you have any concerns about our products,
you can contact us on
ProductSafety@springernature.com

In case Publisher is established outside the EU,
the EU authorized representative is:
Springer Nature Customer Service Center GmbH
Europaplatz 3, 69115 Heidelberg, Germany

Printed by Libri Plureos GmbH
in Hamburg, Germany